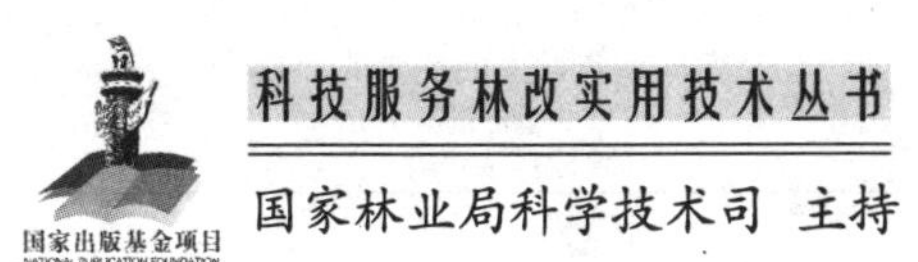

科技服务林改实用技术丛书

国家林业局科学技术司 主持

油橄榄丰产栽培实用技术

张东升 主编

中国林业出版社

图书在版编目(CIP)数据

油橄榄丰产栽培实用技术 / 张东升主编. —北京：中国林业出版社，2011.6

（科技服务林改实用技术丛书）

ISBN 978-7-5038-6217-5

Ⅰ. ①油… Ⅱ. ①张… Ⅲ. ①油橄榄-栽培技术 Ⅳ. ①S565.7

中国版本图书馆 CIP 数据核字（2011）第 114972 号

责任编辑：张 锴 刘家玲

出 版：中国林业出版社（100009 北京西城区德内大街刘海胡同 7 号）

E-mail：wildlife_cfph@163.com 电话：（010）83225764

发 行：新华书店北京发行所

印 刷：北京市昌平百善印刷厂

版 次：2011 年 7 月第 1 版

印 次：2011 年 7 月第 1 次

开 本：850mm×1168mm 1/32

印 张：3.5

字 数：91 千字

印 数：5000 册

定 价：10.00 元

“科技服务林改实用技术”丛书

编辑委员会

《油橄榄丰产栽培实用技术》

主　编　张东升
编　委　张东升　贾忠奎　吴文玉　李　岚
郝亦荣　于小飞　邓丛静　王晓敏
陈　军　李梓雯　郭春宣　赵全利
公宁宁　雷　坤　刘江华　李喜喜
姚　凯　司瑞雪　王立东　程　顺

序

我国山区面积占国土面积的69%，山区人口占全国人口的56%，全国76%的贫困人口分布在山区，山区农民脱贫致富已成为建设社会主义新农村的重点和难点。

山区发展，潜力在山，希望在林。全国43亿亩林业用地和4万多个高等物种主要分布在山区。对林地和物种的有效开发利用，既可以获得巨大的生态效益，又可以获得巨大的经济效益。特别是随着经济社会的快速发展和消费结构的变化，林产品以天然绿色的优势备受人们青睐，人们对林产品的需求急剧增长，林产品市场价值不断提升。加快林业发展，发挥山区的优势与潜力，对于促进山区农民脱贫致富，破解“三农”难题，推进新农村建设，建设生态文明，具有十分重大的战略意义。

我国林业蕴藏的巨大潜力之所以长期没有充分发挥出来，重要原因在于经营管理粗放、科技含量低。当前，世界林业发达国家的林业科技贡献率已高达70%~80%，而我国林业科技贡献率仅35.4%。特别是我国林业科技推广工作相对薄弱，大量林业科技成果未被广大林农掌握。加强林业科技推广，把科学技术真正送到广大林农手里，切实运用到具体实践中，已经成为转变林业发展方式、提高林地产出率、增加农民收入的紧迫任务。

实践证明，许多林业科技成果特别是林业实用技术具有易操作、见效快的特点，一旦被林农掌握，就会变成现实生产力，显著提高林产品产量，显著增加林农收入，深受广大林农群众的欢迎。浙江省安吉市的农民在种植竹笋时，通过砻糠覆盖技术，既提早了竹笋上市时间，又提高了竹笋品质，还延长了销售周期，使农民收入大幅增加。我国的油茶过去由于品种老化、经营粗放等原因，每亩产量只有3~5千克，近年来通过推广新品种和新技术，每亩产量提高到30~50千克，效益提高了10倍。据统计，目前我国林业科技成果已有5 000多项，但在较大范围内推广应用的不多。如果将这些林业科技成果推广应用到生产实践中，必将释放出林业的巨大潜力，产生显著的经济效益，为林农群众开拓出更多更好的致富门路。

近年来，国家林业局科学技术司坚持为林农提供高效优质科技服务的宗旨，开展送科技下乡等一系列活动，取得了显著成效。为适应集体林权制度改革的新形势，满足广大林农对林业科技的需求，他们又组织专家编写了“科技服务林改实用技术”丛书，这是一件大好事。这套丛书以实用技术为主，收录了主要用材林、经济林、花卉、竹子、珍贵树种、能源树种的栽培管理以及重大病虫害防治技术。丛书图文并茂、深入浅出、通俗易懂、易于操作，将成为广大林农和基层林业技术人员的得力帮手。

做好林业实用技术推广工作意义重大。希望林业科技部门不断总结经验，紧密围绕林农群众关心的科技问题，继续加强研究和推广工作；希望广大林业科技工作者和科技推广人员，增强全心全意为林农群众服务的责任心和使命感，锐意进取，埋头苦干，不断扩大科技推广成果；希望广大林农群众树立相信科技、依靠科技的意识，努力学科技、用科技，不断提高科技素质，不断增强依靠科技发家致富的本领。我相信，通过各方面共同努力，林业实用技术一定能够发挥独特作用，一定能够为山区经济发展、社会主义新农村建设做出更大贡献。

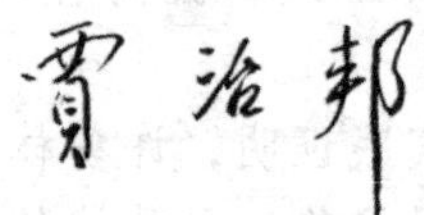

2010年10月

前言

油橄榄原产于地中海沿岸，是世界著名的食用油料树种，已在五大洲的30多个国家广泛栽培。橄榄果和橄榄油用途广泛，受到越来越多消费者的喜爱。目前，全世界约有1 000万公顷橄榄园，种植橄榄树8亿多株，每年产果量达1 000多万吨，产橄榄油280多万吨。全球95%的橄榄油产量集中在西班牙、意大利、希腊、葡萄牙、突尼斯、土耳其、叙利亚。

我国是潜在的橄榄油消费大国，尤其近两年进口量以每年50%的速度猛增，其中初榨橄榄油以每年150%的速度增长，橄榄油市场求大于供。国际橄榄油市场价格已达每千克50元以上，价格的上涨拉动了该产业的发展。据美国农业部预测，全球每年橄榄油消费量将增长2万吨以上。我国目前每年橄榄油产量不足200吨，专家估计供需缺口在10万吨以上。随着人们生活水平的提高，国内包括北京、上海等大城市对油橄榄产品的需求不断增加，市场前景看好。据我国海关资料统计，我国每年从国外进口橄榄油约1万吨，远远不能满足需求，在一个相当长的时期内国内对其需求仍会不断增长。鉴于目前市场竞争激烈，有些地区发展油橄榄特色产业既有市场需求，又有区位优势，还可帮助农民脱贫，一举多得。

2006年11月温总理批示：要发展我国的油橄榄事业。要求从行业规划、项目支持、产业扶持等多个方面对油橄榄事业的健康发展予以扶持和帮助。要从油橄榄适生范围、栽培技术等方面对广大农民给予指导。本书本着这一目的，力求使其内容尽量做到理论与实践相结合、科学与普及相结合、文字与图表相结合，以满足基层广大群众的需要。

本书的编写工作得到了同行专家的指点和帮助，另外得到了“油橄榄‘林油体’产业化项目（2130221）”的支持，在此一并表示感谢！由于水平所限，在编写过程中难免出现错误和疏漏，敬请同行和广大读者批评指正。

编著者

2011年1月

目　录

第一章 油橄榄简介

一、油橄榄的起源及我国的发展概况

油橄榄（*Olea europaea* L.）是木犀科木犀榄属的小乔木，是世界分布广泛、利用价值很高的树种。油橄榄原产于地中海沿岸，是世界著名的食用油料树种，已在五大洲的30多个国家广泛栽培。橄榄果和橄榄油用途广泛，受到越来越多消费者的喜爱。目前，全世界约有1 000万公顷橄榄园，种植橄榄树8亿多株，每年产果量达1 000多万吨，产橄榄油280多万吨。全球95%的橄榄油产量集中在西班牙、意大利、希腊、葡萄牙、突尼斯、土耳其、叙利亚。

中国早期植物学书籍上称油橄榄为“齐墩树”，这是来自阿拉伯语“Zaitum”的音译。20世纪50年代，中国农学家邹秉文先生提倡种油橄榄，并将“齐墩果”改名为“油橄榄”。

在新中国成立之前，有个别的引种，如云南草坝蚕种场有一株，据说是1940年由留学生带回的；重庆有几株，据说是当时由法国传教士引入的；福建省有几株，台湾省也有几株。

1956～1959年，中国的植物园先后收到前苏联尼基塔植物园寄来的油橄榄种子。1959年在全国人民代表大会上，人大代表邹秉文先生提出提案，建议中国引种油橄榄。这一提案落实到农业部，转到林业部（现国家林业局），由中国林业科学研究院林业科学研究所树木改良研究室承担。引种材料由农业部引进。1960年4月及6月分别引进两批材料。一批是从阿尔巴尼亚引进的苗木，包括3个品种50株及实生苗80株；另一批是从前苏联尼基塔植物园引进，包括苗木12个品种1 114株，接穗10个品种202枝，种子65千克。这两批材料分配在江苏、浙江、安徽、江西、湖南、湖北、广东、四川、云南、贵州等地有关单位试种。这些材料在1976年以后只在少数单位保留下来，品种有‘尼$_{\text{I}}$’、‘尼$_{\text{II}}$’、‘克里’。武汉植物园保留下一些品种混杂的材料，后被编为‘鄂植××号’。

1963年冬季，周恩来总理访问非洲北部一些国家，年底到达阿尔巴尼亚，在详细了解了油橄榄的一些情况后，决定把油橄榄引种到中国。当时阿尔巴尼亚总理谢胡得知这一消息，立即决定赠送我国1万株油橄榄苗木（苗龄4年，共5个优良品种），并派了一只专船“维罗娜”号和两位高级技术专家护送，来我国指导种植。1万株油橄榄苗分发到江苏南京市、浙江富阳市、湖北武汉市、贵州省独山林场、四川重庆市（现重庆直辖市）、云南昆明市、广西桂林市和柳州市及广东湛江市和清远林场等8个省（自治区、直辖市）12个种植点种植。

在周总理倡导引种油橄榄以后，1968年、1969年又通过中阿技术合作，以及1975年赴阿考察分别带回一大批油橄榄种子、穗条和苗木，并分别种植在四川、湖北、广西、广东、江苏、云南、贵州、湖南、湖北、江西、河南和福建等省（自治区、直辖市）。

1979年联合国粮农组织又向中国捐赠了60多个品种的油橄榄穗条，分别在湖北、陕西和四川等10个省（自治区、直辖市）种植。随后，联合国粮农组织根据中国政府的申请，于1986年设立了“发展中国油橄榄生产”的项目，资助175万美元资金，引进了40多个品种、材料，全部种植在湖北林业科学研究所。

中国从20世纪50年代开始引种油橄榄，共引进了150多个品种，150余份材料，包括7个国家不同生态型的品种，具有多样的适应性和经济性状。

中国油橄榄引种工作是通过多方面、多地区的科学试验进行的。油橄榄在中国很多地区都通过了成活生长关、开花结实关。通过试验，掌握了播种、扦插、嫁接和栽培管理技术，研究确定了适生区和不同品种的适生条件，以及不同品种的特性及产量指标等。研究工作取得了重要成果。

1976 年，农林部林业局决定拨专款扶持油橄榄基地建设，发展面积达 2 平方公里的县可作为“油橄榄基地县”，并可得到建设补助费。当时在 14 个省（自治区、直辖市）共建立 111 个县级油橄榄基地。但是由于缺乏经验及存在盲目性，栽得多，管得少，产量低，收益小。有些不适合栽植的地区也栽种了油橄榄；也有些地区，虽然栽种成功，结了果，但没有加工业的匹配发展，大大降低了种植者的经济效益，一时使油橄榄的发展走向了低潮。

20 世纪 80 年代，由于有不少种植点开始开花结果，国家科委对发展油橄榄给予了大力支持，开设了“油橄榄丰产、稳产、加工利用及商品化研究”项目和“油橄榄中间试验”项目，并由科学家创办了一个科技企业——“神洲油橄榄新技术科技开发中心”，共完成了 9 个分课题，于 1994 年 12 月通过了成果鉴定。

世界著名的生物气候学家 J · 尼贡在考察中国油橄榄种植情况后，他认为在中国占 1/3 国土范围内能种植油橄榄，在夏季高温多雨的气候条件下油橄榄还能增产，这是一个特殊贡献。联合国粮农组织专家 UG · 梅尼尼先生说：“在中国引种油橄榄如能成功，将是世界引种史上的重大成就。”

二、油橄榄的经济价值

橄榄油是以油橄榄果榨取的食用植物油，在国际上被誉为“飘香的软黄金”，优质橄榄油中的不饱和脂肪酸含量接近 90%，并且脂肪酸平衡模式接近人体所需。橄榄油中含 55% ~83% 的油酸、3. 5% ~21% 的亚油酸和 0. 3% ~1. 5% 的亚麻酸，油中的饱和脂肪酸（15%）、单不饱和脂肪酸（75%）和多不饱和脂肪酸（10%）构成比例最为接近营养学家推荐的理想模式（1:6:1），其中的 w3 脂肪酸（2%）和 006 脂肪酸（8%）配比也符合营养学家推荐的理想模式（1:4）。另外，橄榄油中还含有人体所必需的 A、D、E、K 等脂溶性维生素，以及微量元素和其他营养物质，可以降低胆固醇、降低血脂，被誉为最高等级的天然植物油。

橄榄油除食用外，还是广泛用于美容养颜、减肥、防治心血管疾病的保健食品。橄榄油对防治老人消化系统疾病，促进婴儿大脑发育和骨骼发育具有独特的效果，还具有抗病毒感染和各种炎症的功效。橄榄油制作洗浴用品及化妆品时，有益于护肤健身延缓衰老，被誉为“美女之油”。作为工业用途，是纺织、印染的高级照光油，更是电子仪表的高级润滑、保养用油。因而橄榄油被冠以“人类最为理想的营养保健油”、“液体黄金”等美誉。虽然价格昂贵，但很受消费者欢迎。

油橄榄果品及油脂具有很高的经济价值，但这种经济价值在国内市场未能以合理的价格形式来体现。这是由于油橄榄种植面积不大，产量还很低，国内的橄榄油产品的供需量不成正比。随着国内对油橄榄相关产品需求的逐年上升，种植油橄榄还有很大的发展空间。

目前，我国现在自然形成的价格是：每千克鲜果（初产品或原料）价格一般在 5～8 元不等。

在我国的主产区四川，每亩（1 亩 =1/15 公顷，下同）鲜果产量最高一般为 450. 7 千克，产值达 3 000 元以上，每亩橄榄油产量（按较低的出油率 12% 计算）为 54. 9 千克，产值可达4 326元，展示了我国油橄榄生产的良好前景。

三、发展油橄榄的重要意义

我国是潜在的橄榄油消费大国，年消费食用植物油 2 000 多万吨，按国际橄榄油消费占食用植物油消费3%的比例测算，中国的年均市场消费量需要60万吨。尤其近两年进口量以每年50%的速度猛增，其中初榨橄榄油以150%的速度增长，橄榄油市场求大于供。国际橄榄油市场价格已达每千克50元以上，价格的上涨拉动了该产业的发展。我国目前每年橄榄油产量不足200吨，专家估计供需缺口在10万吨以上。随着人们生活水平的提高，国内包括北京、上海等大城市对油橄榄产品的需求不断增长，市场前景看好。据我国海关资料统计，我国每年从国外进口橄榄油约1万吨，远远不能满足需求，在一个相当长的时期内国内对其需求仍会不断增长。鉴于目前市场竞争激烈，有些地区发展油橄榄特色产业既有市场需求，又有区位优势，还可帮助农民脱贫，一举多得。

2006年11月温总理批示：要发展我国的油橄榄事业。要求从行业规划、项目支持、产业扶持等多个方面对油橄榄事业的健康发展予以扶持和帮助。要从油橄榄适生范围、栽培技术等方面对广大农民给予指导，要加强油橄榄种质资源收集保存工作，要支持油橄榄科研项目立项、申报。在《林业产业振兴规划》（2010～2012年）以及2010年中央一号文件中，都明确提出要大力发展木本油料。

第二章　油橄榄的生物学特性

第一节　油橄榄的形态特征

油橄榄属常绿乔木，一般高5~7米；枝近于圆柱形，无刺。单叶对生，椭圆形、长椭圆形或披针形，长2.7~8厘米，表面暗绿色，背面密被银白色鳞片。圆锥花序，腋生，较叶为短；萼短小，4齿裂；花冠短，4裂几达中部；雄蕊2枚；子房2室，每室有胚珠2颗。核果近圆形或长椭圆形，长1.5~4厘米，内果皮硬，成熟时黑色，有光泽；种子1颗，胚乳肉质，含有油分，胚直。

（1）根　油橄榄种子萌发的初生根是主根，主根上分生出的根为侧根。主根生长快，苗木5~10厘米高时，主根深入土中可达15~24厘米。随着植株年龄的增加，主根生长逐渐缓慢，茎部逐渐膨大，形成根包，并迅速萌发侧根组成庞大的根团，随之取代主根。油橄榄的根系具有很强的更新能力，老根枯死后，新根很快形成。在西昌海河掏起的泥土上栽植的油橄榄，其根系非常发达，根幅大大超过冠幅，水平根深入土壤的深度一般在40~60厘米之间，最深可达100厘米以下。油橄榄根系穿透能力较弱，根好气，忌水湿，在板结黏重和排水不良以及地下水位在150厘米以上的土壤上种植，根系发育不好，植株生长很差。

油橄榄树干基部与根系连接处，常生有“树瘤”，又称“营养包”，是树干与根系连接处的输导管因扭结造成树液流动减缓，致使该处细胞形成层营养积累过盛，而且又不断扩展使薄壁组织扭曲变形所致。这种“树瘤”不影响油橄榄树的正常生长，还可用于繁殖油橄榄苗木。

（2）茎　油橄榄具有明显的主干、主枝和分枝。幼茎呈方柱形，小枝被银灰色鳞片，嫩枝表皮灰绿色，有许多纵裂的皮孔。当嫩枝逐渐增粗，木质化程度加强，表皮由灰绿变为灰色，皮孔变成圆点状。树干上的“树瘤”能萌生枝条，部分品种除长“树瘤”外，还出现棱沟。枝、干均具有较强的萌芽能力，为更新、修剪提供了有利条件。

（3）叶　单叶对生，偶有互生或三叶轮生，近革质。全缘，边缘反卷，长卵圆形、长椭圆形或披针形，因品种而异。叶长2.1～12厘米，宽0.8～3.2厘米，叶柄长0.3～0.5厘米，先端稍钝，有小凸尖，基部渐窄或楔尖。叶表面深绿色，背面银灰白色或银灰绿色。主脉向下凹陷，背面隆起，侧脉不明显；叶片两面都被有盾状的表皮毛，称为鳞毛，表皮层外有较厚的角质层。

油橄榄的叶片从萌发到脱落一般需要300～600天的时间，西昌气候特殊，小范围内气候多变，部分品种或同一品种，在不同地段种植，常出现旱生型扭曲状叶片；叶面颜色有浅绿、绿、深绿，并具有较厚的绒毛。

（4）花　圆锥状花序，花序长2～8厘米。品种不同，花序大小和花数量有差异，一般每个花序上着生十几朵至三十几朵小花。花序主要为腋生，少数可由顶芽抽生。两性花，但常有雌蕊发育不全的不完全花（雄蕊正常，雌蕊退化），或称“退化花”、“畸形花”。不完全花的比例因品种和植株的营养状况而不同，在西昌种植区，一般结果好的品种，完全花的比例都在80%以上。大多数油橄榄品种有自交不亲和性，自花授粉结实率低。

油橄榄的花很小，每朵花的下面具有较短的花柄和一个很小的苞片，花柄顶部膨大形成花托。萼片4个，结合成为漏斗状。花冠上部为四裂片，下部呈筒状。雄蕊2个，分别着生在花瓣愈合处。雌蕊由2个心皮组成，着生在花托上；子房上位，绿色；花柱短，长0.4~0.6毫米，柱头分叉，子房二室，各着生2个胚珠，但一般仅有1个发育，成熟后形成1粒种子。

(5) 果 油橄榄果实为核果。每个花序结果1~2个，最多可达十余个。果实的形状和大小及含油率等，品种不同而有明显差异。果实由果皮、果肉、果核组成。果皮是一层膜质的薄皮，表面具有白色蜡粉。果肉是肥厚的肉质层，富含油脂。果核通常称种子，内含种仁。核壳是由石细胞构成的硬壳，表面有沟棱。因此，果实和果核的特点是品种鉴定的重要依据之一。果实的形状有卵圆形、椭圆形、长椭圆形、圆形等。果核的形状有肾形、圆形、心脏形或卵圆形等。果实成熟时，一般呈黑紫色。在西昌种植区，油橄榄果实成熟期为9~12月。‘贝拉’品种最大果重15克，‘西班牙大果’品种平均果重10克，‘小果卡林’品种最大果重2.8克，多品种混合平均果重5~8克。

第二节 油橄榄的授粉特点与结果习性

一、油橄榄的授粉特点

油橄榄的花瓣呈白色或乳白色，花蕊筒淡绿色，端四裂。花冠管短，雄蕊2枚，雌蕊具子房，柱头二裂。

油橄榄花为异品种授粉，往往开花多而结果少，或不结果。一般坐果率只有1%~5%。如果一个园地只种一株，或只种一个品种，那么往往就会不结果或结果很少。结果率少的原因如下。

1. 花的结构不完全

油橄榄的花有完全花及不完全花。不完全花没有雌蕊，或雌蕊发育不健全，称之为雌蕊败育。也有的不完全花是花药无效花。

2. 产生花粉少

有的品种产生花粉少，授粉机会就少，从而影响结果。

3. 花粉生活力低

因为花粉生活力低，造成花粉发芽慢或不发芽，从而影响授粉率。

4. 花粉不亲和

因花粉与雌蕊的不亲和性，使花无法授粉。

5. 自花不孕

有的品种自花不孕。自花不孕的品种有‘切姆拉’(Chemal)，该品种在阿尔巴尼亚不产生花粉。对不产生花粉的树种就必须配授粉树才能得到产量。

此外，外界条件也是影响结实率的重要因素。如配置的授粉树与主栽品种的匹配性小，其结实率就低；授粉树与主栽品种的距离、风向、风力也都会影响结实率。

二、油橄榄落果及果实的成熟

根据国外的研究，在地中海沿岸，油橄榄第一次落果在花后一个月，即 6 ~ 8 月，落果占 50% ~ 55%。其原因是营养不足，主要是缺氮及缺水。第二次落果在 8 ~ 9 月，约占 10% ~ 15%。其原因主要是巢蛾危害。最后一次落果是在 9 月至 10 月末，主要由于果蝇危害，落果占 8% ~ 10%。这样从开花后总共有 68% ~ 80% 的果落掉。在中国没有油橄榄果蝇，因此中国引种油橄榄要把好病虫害的检疫关，绝对不能将油橄榄果蝇带入中国。

果园应该有保果措施，如进行人工辅助授粉、增施氮肥、保证必要的土壤水分等，以便保持一定的产量。

油橄榄果实的生长规律是：授粉后，5 ~ 6 月果实生长迅速。到 7 月，果实进入核硬期。核硬期在油橄榄果实发育中是一个重要的时期。这时果核逐渐木质化，是胚及胚乳生长发育的阶段。9 月份是果实的第二次增长期，果肉开始形成。到 11 月上旬，果实生长基本停止，开始形成油滴，果实的颜色也逐渐由绿变为黄绿又变为紫色。油橄榄果的含糖量随果实油脂含量的增长而减少。果实中形成油脂最快的时期是8月下旬至10月上旬，约40天。根据湖北省林业科学研究院的分析，6月下旬至12月上旬‘贝拉’品种百粒重由30.9克增加到1 881.4克，含油率从2.51%增加到52.43%；‘卡林’品种也有类似趋势。果实的含油率还有区域性的变化。据江苏植物研究所的测定，昆明的油橄榄果实含油率比重庆、江苏南京、陕西城固高。

第三节 油橄榄的年生长发育周期及经济寿命

一、年生长发育周期

根据研究，地中海盆地油橄榄年生长发育周期可分为以下3个时期。

1. 生长休眠及生理分化期

时间为12月至翌年1月。

2. 营养生长活跃发育期（分为三个阶段）

生长活跃及花芽形态分化、开花、坐果阶段：时间在3～6月，5、6月是对氮素敏感期。

生长缓慢及果实膨大、核硬阶段：时间在7～9月，7、8月为核硬期，8、9月是对水分敏感期。

生长活跃与果实着色、成熟阶段：时间在9～10月。

3. 生长休眠、采收果实与修剪期

时间在11月至翌年2月。

由于地中海沿岸的夏季干旱炎热，使油橄榄生长缓慢或进入休眠，影响果实生长发育；而在中国及南美的阿根廷，夏季则是雨季且高温，有利于油橄榄的夏梢生长与果实生长发育，是这两个地区在年生长发育周期中表现差异之处。为此，在我国7～9月没有生长缓慢阶段，而是生长活跃、果实膨大、核硬阶段。在我国，春、夏梢生长量占全年生长量的80%～90%，且结果部位在春、夏梢。

二、经济寿命

油橄榄是长寿树种，世界上有一株有名的老树在希腊，树龄2 400年。突尼斯有成片的80～100年生的橄榄园，有橄榄树590万株。摩洛哥有老树400万株。在意大利的皮斯托亚瓦那村的老油橄榄园，100年生以上的老树有450株，单株产量29.8～88.8千克。其他国家类似的情况也不少见。油橄榄之所以长寿，还有一个原因是树根上的根团（称为营养包），可以长成树，被视为“橄榄树的新生命”。为此，油橄榄又被视为不死的树。因为树的经济寿命长，对经营油橄榄园的企业来说，其经济效益也就长期稳定。但现代经营方式，不提倡过分的老龄，因为消费者对产品的爱好不断改变，橄榄林也要随之更新，以改变品种、提高质量。

第四节　油橄榄对环境条件的要求

油橄榄对气温、降水量、空气湿度、日照和土壤等环境条件的要求，决定了油橄榄的适生区域。

一、气温

气温是界定油橄榄适生区的关键条件。世界上油橄榄主产区年平均气温为14～18.3℃。最冷月（1月）平均气温为5～10℃，极端最低气温为-0.8～15℃（一般为-8～-7℃）。夏季最高气温可达40℃以上。

中国开始引种试验之初，就注意到油橄榄在世界分布区的温度条件，所选取的引种试验点，在温度方面都是接近油橄榄世界分布区的，尤其是注意到了低温条件，使其既能满足花芽分化对低温的要求，又能不遭受冻害。

在多年引种观察试验中，通过苗木的表现、受冻情况、花芽分化情况和产量情况，界定了油橄榄在中国适生的南界和北界。

在武汉沿长江向西的巴东县，1977年湖北大冻的年份，武汉极端气温-18℃时，巴东县的最低气温只是-4.4℃，油橄榄没有受到冻害，再加以适宜的雨量、适宜的土壤条件及历年正常产量，这一带被列入了适生区。

引种试验的南部边缘点是云南的元江及四川的渡口、攀枝花。在渡口，极端低温是-1.0℃，是十年少遇的一次。一般年份多在0℃以上，油橄榄（现有品种）不能结果，一旦哪一年有0℃以下的温度，才能结果。元江的地理位置已接近北回归线，按现有品种的要求条件已是不适宜种植油橄榄的地带。因此把它们划入了油橄榄在中国适生区的南边界之外。而把油橄榄能正常生长的昆明和宾川划入适生区的南边界之内。

从上述情况可以看到中国油橄榄的适生区在温度条件方面与世界油橄榄主要产区是一致的，年平均温度14～18℃、1月平均温度2.1～10.9℃、绝对最低温-9.4～-0.8℃，具备了油橄榄花芽生理分化所需的低温，而又没有冻害。

二、降水量

降水量是界定油橄榄适生区的重要条件。在自然条件下，植物所需的水分，主要靠降水来供应，降水量的大小和分布季节对植物生长发育具有重要的影响，起着十分重要的作用。在地中海沿岸油橄榄原产区的年降水量多在500～700毫米，且多分布在冬、春季。

根据对我国引种油橄榄成功事例的分析，以降水量界定油橄榄适生区时应以全年降水量400～1 200毫米，夏季降水量350～750毫米为宜。中国几个重要油橄榄种植区如武都、宾川、永胜、西昌、汉中和万县等地的降水量基本都在这个范围内。当然有的地区降水量虽不在此范围之内，只要夏季地涝时做好排水工作或干旱时给以人工灌溉，并且在气温、日照、土壤方面的条件适宜时，也可发展油橄榄。

三、大气湿度

大气湿度是界定油橄榄适生区的又一重要条件。油橄榄原产地夏季高温、干旱、日照强。为了适应这种气候特点，减少蒸腾、保存水分，油橄榄形成了形态结构上的旱生型特征，如叶背布满盾状鳞毛，叶片革质，气孔下陷，茎的木栓层较发达等。这一现象说明油橄榄具有耐旱、耐干燥气候的能力。在空气湿度较小时，可通过关闭气孔来适应逆境。由于这一特性，使油橄榄具有较强耐旱能力，但不喜欢较大的空气湿度。在国外，油橄榄分布区的大气相对湿度多在 40% ~ 65%，湿度太大的地区生长不良。中国通过引种试验，凡大气年平均相对湿度在 60% 左右的地区一般都能生长良好，而大于 80% 的地区都不适应。因此中国油橄榄适生区大气湿度的界定条件为年平均相对湿度在 80% 以下。

四、日照

在自然界，日照是光合作用中光的主要来源，是植物生长发育的重要条件。油橄榄是长日照树种，对日照时数有较高的要求。因此，日照也是界定油橄榄适生区的条件之一。油橄榄原产地大多在北纬 30°左右，是日照条件较长的地区，一般年日照都在 2 400 小时以上。如法国科西嘉岛为 2 400 ~ 2 700 小时，阿尔巴尼亚发罗拉为 2 685 小时。中国主要引种区多在北纬 23° ~ 25°左右，本应日照时数较多，但因东亚热带地区多阴雨天气，日照时数较少。如汉中日照为 1 656 小时，重庆只有 1 195 小时。而西亚热带地区，多在海拔 1 000 米以上（西昌 1 590 米，昆明 1 890 米），是世界油橄榄分布最高的地区，阴雨天相对较少，日照时数较多，一般多在 2 000 小时以上，接近原产区的日照条件。如西昌年日照 2 431 小时，宾川 2 177 小时，成都 1 911 小时。因此西亚热带地区，油橄榄的生长和产量都优于东亚热带地区。但是在低日照地区，如能选择肥力高、结构良好的土壤，加强田间管理，或选择相应适宜的品种，也可达到稳产的要求。因此日照时数，可作为界定适生区的参考条件，不是唯一条件。

五、土壤条件

土壤条件是界定油橄榄适生区的参考条件，是选择种植园和种植地的主要条件。油橄榄是喜氮、嗜钙植物，要求土壤肥沃、富含钙元素；它的根系需氧性很高，要求土壤通气性良好。在国外主产区的土壤多是含钙量很高的砂壤。如意大利高产园的土壤是面砂土，代换性钙含量达 1 139.35 毫克/100 克土。而在中国亚热带地区土壤多是缺钙的中性或偏酸性土壤。据四川测定，在 80 多个试种点中，有一半试种点的含钙量只在 100～200 毫克/100 克土，普遍偏低。因此栽植油橄榄时，必须大量施入石灰，以满足其对钙元素的需要。

六、油橄榄的适生区域

根据油橄榄对环境条件的要求以及 30 多年中国林业科技工作者在多处引种试验研究的结果，目前已初步确定中国油橄榄适生区的地理范围和适生地区。

总的来说，油橄榄在中国的适生区主要在中国亚热带西部地区，具体又可划分为一级适生区（最适宜的地区）及二级适生区（较适宜的地区）。在这些地区里又划分为 6 个地带，划分如下。

（1）金沙江干热河谷（冬凉）地带；

（2）西秦岭南坡白龙江低山河谷地带；

（3）西秦岭南坡汉水流域上游地带；

（4）四川盆地大巴山南坡嘉陵江河谷地带；

（5）长江三峡低山河谷地带；

（6）以昆明为中心的滇中地带。

第一、二带称为一级适生区；第三、四、五、六带称为二级适生区。

现将中国油橄榄适生区简介如下。

（一）一级适生区

1. 金沙江干热河谷（冬凉）地带

金沙江干热河谷地带是指云南省永胜、永仁、宾川等县，位于中国亚热带西南部，属横断山脉东缘，包括金沙江及其支流安宁河谷地带。这一地带包括：①云南省的滇西北金沙江河谷、大理白族自治州北部的宾川、楚雄彝族自治州北部的永仁和丽江地区南部永胜等县。②四川省西南部彝族自治州的西昌及德昌、米易、冕宁等县的部分地区。

2. 西秦岭南坡白龙江低山河谷地带

本区是中国油橄榄最适生区之一。本区包括西秦岭的南坡，长江二级支流白龙江流域及白水江下游低山河谷地带（海拔1 200米以下）。主要包括甘肃省陇南地区武都、文县、康县。这个地带的气候特点是：气候温暖，年均气温 14. 9℃，空气湿度低，全年平均湿度仅 61%，有 6 个月湿度在 50% 以下，只有 9 月份湿度为 72%，这是本区的特殊优点。土壤排水良好，是油橄榄最适生的地区。这里的油橄榄种在河边、石头荒滩、荒山坡都能生长。栽后 3 年开始结果，管理好就可以丰产。

（二）二级适生区

二级适生区的生态条件比一级适生区差，在气候上存在一种或两种对油橄榄生长不利的条件。如有的地方降水量过多，有的地方空气湿度太高（80% 以上），或日照时数不够等。在地域上，二级适生区大部分是一级适生区的延伸地带，或是一级适生区的扩展区。从产量上统计，二级适生区产量低于一级适生区，或产量不稳定。但如果这些区域内选择适宜的土壤条件和小气候环境，或有适宜的品种，在良好的栽培管理条件下也可达到一级适生区的产量。我国目前的二级适生区有如下 4 个。

1. 西秦岭南坡汉水流域上游地带

该地带包括秦岭及大巴山夹于两山间的汉水河谷。代表地区为陕西城固、汉中等县。由于秦岭阻挡着北方冷空气南下，秦岭以南气候具有亚热带的特征。以城固为例，年均气温 14. 4℃，1 月平均气温 2. 1℃，极端最低气温 -9. 1℃，年降水量 749 毫米，相对湿度 79%，年日照 1 653 小时。而渭河流域的西安，冬季各月（11月至翌年3月）绝对低温分别是-16.8℃，-17.4℃，-19.1℃，-11.5℃和-11℃，对一些品种有冻害。西安附近的南五台林场曾引种过前苏联的油橄榄品种，有结果的记录，但也有冻害的记录。为此，渭河流域目前不能大量引种。

2. 四川盆地大巴山南坡嘉陵江河谷地带

本带包括四川绵阳地区、南充地区、达县地区的盐亭、广元、三台、梓潼、南江、射洪、巴中、德阳等县。本带年平均气温16~16.8℃，1月平均气温4.9~5.6℃，极端最低气温-8.3~-5.6℃，年降水量973~1 119.8毫米，相对湿度69%~78%，日照1 389~1 437小时。7年生各品种平均株产4.0~8.4千克，'佛奥'株产4.5~8.5千克，较国际油橄榄理事会规定的标准为低。

3. 长江三峡低山河谷地带

三峡地区，峡谷陡壁。这里适生区指的是低山河谷，即海拔800米以下的地带。柑橘分布以700米为限。油橄榄比柑橘耐寒，但在海拔600米以下生长更良好。在海拔900米以上，曾种植过160株油橄榄，1977年元月份低温条件下有20株受冻。

三峡低山河谷地带年平均气温17.4℃，有效积温5 509.79℃。生长季节从3月下旬到11月下旬，各旬平均值都在10℃以上，生长季节长。12月份平均气温7.7℃，1月平均气温5.8℃，极端最低气温-9.4℃时，具备花芽生理分化要求的低温条件，油橄榄没有受冻害。巴东年降水量1 114毫米，土壤绝大部分是石灰岩山地土和石灰母岩形成的钙质土壤，透水性良好。三峡林场灌溉用水含碳酸钙，pH值8.3。这里的油橄榄生长正常，枝叶茂盛，落叶少、病害少、产量较高。'佛奥'品种6年生平均株产16.3千克，'卡林'品种6年生平均株产15.9千克。

在重庆奉节苗圃，混合品种7年生植株平均株产13.5千克，达到了地中海沿岸地区的高产水平。

4. 以昆明为中心的滇中地带

以昆明为中心的滇中地带是指昆明、晋宁、江川、宜良、巧家等县，属亚热带冬凉地带。昆明的年平均气温14.7℃，极端最低气温-5.4℃，年降水量一般在1 006.5毫米，相对湿度年平均73%，夏季82%。日照时数2 470小时，土壤pH值5~6.5。年热量少于宾川。宾川有效积温比昆明多430℃，年降水量比昆明少433毫米，夏季雨量比昆明少229.6毫米，这是宾川更为有利的条件。与昆明相比，宾川相对湿度高9%。昆明的气温接近意大利托斯的芦卡拉区和法国科西嘉岛的巴斯里蒂亚。昆明在灌溉条件下和在较好的管理条件下，油橄榄不仅能正常生长发育，而且能获高产。10年生‘佛奥’品种平均株产30千克，17年生植株平均可达50千克，云南省林业科学研究所有一株优树，1980年产果213千克，达到地中海产量的高产水平。本带气温对大部分品种的花芽生理分化有好处。冬季霜冻对油橄榄威胁不大。但为了该地带产量稳定也需要搭配一部分耐寒品种。

随着科学技术的进步，随着油橄榄新品种的选育，油橄榄在中国的适生范围一定还会扩大，中国发展油橄榄有着广阔的土地资源和劳动力资源，前途无限，有待进一步开发。

第三章　中国主要引进油橄榄品种及可以考虑引进的国外主要品种

通过试验研究和栽培实践，对表现适应性强、有一定特色、产量高、有优良经济性状的品种，简要介绍如下。

一、豆果（Arbequian）

该品种广泛分布于西班牙的 Catalonia 地区，主要种于莱里达省，面积有 48 936 公顷。适于在黏土和含有硅石灰土上生长。豆果是西班牙北部主要油用品种。现在在法国、阿根廷、意大利等国也有分布。生长势中等，树冠中等密度。叶小，长 3.5 ±0.44 厘米，椭圆披针形，短而狭，面上暗绿色。总状花序，果实球形，不对称，果肉率 83.6%，果顶圆，最大处的横切面呈圆形。核小，卵形，对称，表面有条纹，具 7～10 条纤维束，顶端圆，无针。这个品种高产而且早熟，可以适应不同的气候与土壤条件。抗病、抗霜，能在 1 月平均气温 2℃ 的地区生长。树冠小，可高度密植。在西班牙的 Tarragona，花期晚，5 月中旬至 6 月初开花。果实成熟不同期，对采摘有一定的难度。由于果实小，采摘费工，树高较矮，不适宜机械采摘。传统采果法，有 60%～70% 是用自然落果方式。半木质化的枝条扦插繁殖很容易。对孔雀斑病及橄榄蝇不敏感。果实油用，含油率 20%～22%，质量极好。此品种具有好的感官测定特性，大部分出口销售，有少量在本地区作为餐用果。油质好，油酸含量达 69.79%。单果重 2～3 克，单株产果 8 千克。

二、软阿斯（Ascolano Tenera）

原产于意大利的 Askoli 地区。该品种适应性很强，几乎在世界油橄榄栽培范围内都能适应，是目前国际上主要的果用品种之一，深受各国种植者欢迎。树势旺盛，树冠大，主枝上升，果枝下垂，枝叶茂盛。叶披针形，叶面深绿，叶背浅绿。花序短，每花序有花 15～24 朵。不完全花占 36.5%～93.5%，自花结果率 0.1%，落果率 60%，必须配置授粉树。果实含油率 13%～16%，果肉率 88.0%。果大、肉厚，单果平均重 7.8 克，最大可达 15 克，肉核比为 8.2:1，在果用品种中居第一位。抗孔雀斑病和油橄榄果食蝇。果实成熟后易脱落，不耐贮运，采摘、运输必须小心。一般 9 月下旬至 10 月上旬成熟，比其他商业品种都成熟早。工艺成熟期必须提前，果实变为淡绿时就采摘。我国于 1974～1978 年由意大利引种，在国内表现良好。

三、贝拉（Berat）

贝拉是阿尔巴尼亚的著名品种，占贝拉特地区结果树的 70%，约 16 万株。该地区年平均气温 16.6℃，1 月平均气温 7.2℃，极端最低气温 -8.9℃。由于它耐寒力强，目前阿尔巴尼亚已决定向北部推广种植。树冠大，小枝向下弯曲。叶大、倒卵状披针形，叶面绿色，背面银白色。花序粗而短，有花 14～19 朵，有时达 30 朵，花大，自花结实率低。果实大，长椭圆形，单果重 8～12 克。品种内分化为两类，一类单果重 6～10 克，果肉厚，肉核比为 4:1；另一类单果重可达 15 克，含油率低，一般为 18%，是极好的餐用品种。果实成熟时为黑色，肉紫红色。核倒卵状椭圆形，先端尖，表面深沟极明显。本品种是阿尔巴尼亚著名的两用品种。稳产、高产；要求水肥条件高，抗寒力强，可耐 -10℃的低温。我国于 1964 年将该品种引入四川万县、陕西汉中等地试种。陕西汉中 4 年平均株产 29.4 千克，有一株年产 79 千克。该品种对炭疽病敏感，要注意防治。

四、截风龙（Ciprisino）

该品种在意大利托斯卡纳区为栽培品种。意大利、法国常用作防风林树种。阿尔巴尼亚及南斯拉夫沿海地区有分布。适合年均气温16～17℃，年降水量800～1 000毫米，1月平均气温7～9℃的地区生长，适于石灰质砂土生长。树冠狭，直立，圆筒形，分枝角度小，树冠茂密；叶片长椭圆形，先端突尖，基部狭、截形。花序松散而长。一般着花32朵，完全花比率45.4%，每个花序结果不到2粒。有大小年。含油率不高，比较耐寒。油用品种，果实小，椭圆形，成熟时从果顶开始着色，紫色到黑紫色。单果重2.77克，果肉率77.1%，含油率20%。油质好。果实大小均匀，每千克有果321粒。结实早、产量高，耐寒、耐水湿，适应性强。发根能力强，插条容易生根。可密植，一般用1.5～3米的密度营建防护林、薪炭林。

五、科拉蒂（Coratina）

该品种原产于意大利的南部，目前主要分布在巴里等地。大年时，每公顷产3吨果，单株产量可达100～120千克，产油30千克，是少有的高产品种。该品种在阿尔巴尼亚及西班牙都有引种。树势中等，主枝及侧枝直立，果枝短细，呈水平状。自花结实率高，完全花比例70%，每个花序结1个果，成熟早。单果重2.5～4.7克，果肉率76.5%，含油率32%。发枝力强，扦插易活。每年需修剪。是意大政府推广的品种。1975年和1976年联合国资助中国接穗1 300条，分送湖北、四川等地试种。高产、稳产、成熟早。果肉率76.5%，是著名的果油两用品种。油酸含量77%，不饱和脂肪酸含量85.3%。实验室出油27%～32%，工厂出油率22%，油质好。引种到四川三台县，4年生嫁接树株产10千克，表现良好。

六、佛奥（Frantoio）

本品种原产意大利中部托斯卡纳地区，分布在芦卡、比萨、皮斯托亚等地区。适宜于年平均气温16℃左右的地区生长，适应性广。在阿尔巴尼亚、突尼斯、阿根廷、南斯拉夫、中国等世界许多国家和地区种植，是一个分布极广泛的品种。树冠开展，主枝角度呈45°向上升，发枝能力强。树高6~8米，呈自然圆头形，枝多叶茂。果枝年生长可达80厘米以上，节间一般长2.5~4.5厘米。因此果枝长而下垂是其第一特征。叶片较大，着生稀，长椭圆披针形，先端尖，基部圆。叶色浓绿而光亮，背面浅绿，银灰色较浅是其第二特征。花序长而大，平均着花24朵。花期5月中旬。果实椭圆倒卵形，基部对称。自花结实率高，两性花（即完全花）所占比例在昆明地区是95.8%~97.6%，自然授粉结实率为7.04%。授粉品种用'马纳'（Morachiaio）及'配多灵'（Pendolino）。该品种1964年首次由阿尔巴尼亚引入中国四川、云南、湖南、湖北、甘肃（武都）等地都表现良好。1978年和1986年又引入'佛奥'改良品种——'科新佛奥'插穗和苗木，在四川西昌试种，表现高产。本品种对水肥条件要求高。该品种耐寒、耐黏性土、耐水湿，受冻后恢复力较强。在昆明海口林场长势喜人，有的8年生植株单株结果99千克，10年生植株株产213千克，17年生植株平均株产（128株的4年平均值）50.8千克。在重庆，该品种择土不严，株产果65千克。在四川巴中，土坡较黏重，长势仍好，株产60.5千克。在云南省中部的江川县和北部的永胜县也表现良好。在不适宜油橄榄生长的云南的"热坝"，该品种的表现也较好。'佛奥'在云南被定为"主栽品种"。该品种基本不感染炭疽病和孔雀斑病。扦插繁殖率可达95%，种子发芽率也高。

七、戈达尔（Gordal）

该品种主要种植于西班牙塞维那省，产地位于西班牙的西南部，靠近葡萄牙，有29 000公顷。该品种在临近的Haelra及Cordoba省也有种植。各地有散生。在1月均温10℃的地区可生长良好。在美国（加利福尼亚州）、以色列、阿根廷以及其他国家也有种植，面积超过 8 000 公顷。树势强壮，有直立主枝，树冠中等大小。果枝灰绿色，稀疏分布。叶长椭圆形而大，叶面是曲型的，暗绿色。果实成熟时为黑色，果大（10 ~ 12 克），100 ~ 120 个/千克。果实肉核比为 7.5∶1，果实长椭圆卵形，略不对称，顶圆，最大处的横切面呈椭圆形。核椭圆卵形，略不对称，面粗糙，有 9 ~ 10 条纤维沟；核的尖顶常为针状；核的中部最宽处为长椭圆卵形。扦插生根不易，多用嫁接繁殖。产量不稳定而且低产。自花结实率仅为 0.1%，雌性不育率高，花粉发芽率低。配置授粉树'贺吉'可提高结实率到 1.9%。对干旱敏感，要求比较长时间的寒冷才能结果。果肉结构好，含油率非常低（10%），但果型很大，最佳的用途是加工成餐用果。栽培管理要求仔细。抗孔雀斑病，对肿瘤病敏感。中国于 1976 年由联合国自西班牙引入接穗 1 225 条，种于四川西昌、甘肃武都，已结果。

八、希玛（Himares）

该品种分布于阿尔巴尼亚南部沿海，主要在发罗拉省的希玛县。有 12 万多株，占当地种植总量的 80%。该地年均气温高于 16.9℃，1 月均气温 9.9℃，年降水量 1 563.2 毫米，极端最低气温 -1.3℃，是阿尔巴尼亚热区的品种。引种到广西柳州三门江林场，生长结实良好。叶片羽状排列是它形态上特有的特征。果实小而细长，果顶具尖，单果重 2.93 克，肉核比 7.5∶1。高产、稳产，含油率 18%，油质好，味好。平均株产油 7.2 千克，每公顷 300 ~ 350 株，产油可到 2 200 千克。由于耐水湿，可以种到海滩。适应性强，生长旺盛，产量高。可以在中国气温较高、地下水位较高的地点扩大试种。中国西亚热带区（如攀枝花地区），可考虑引种。

九、贺吉（Hojiblanca）

这是西班牙又一个用地名命名的品种。到目前为止，有种植面积200 000公顷以上。主要分布在西班牙南部。从省的分布说，科尔多瓦（Cordoba）省占43%，Malaga省占30%，塞维利亚（Seville）省占17%，格拉纳达（Granada）省占10%。在西班牙有该品种的专业化品种园。该品种是西班牙占第二位的油用品种，果肉率83%～87%，果实含油率达23%～28%。单果重1.5～4克。引种到意大利及阿尔巴尼亚表现良好。抗寒、抗病虫能力弱。生长旺盛，干直立，有略为密生的树冠。小枝十分密，果枝浅灰色。果实成熟时深紫色，中等大小，椭圆形圆顶无尖嘴，中部最大处圆形。核椭圆或卵形，略不对称，核面粗糙，具有条沟。该品种是一个优势品种，具有较高的产量，但年与年之间产量不稳定。耐石灰土，冬季耐寒，能正常自花授粉，坐果率较高。成熟期较晚，机械采收难。能经受（耐）采摘。它主要用于塞维利亚式餐用果或作为加利福尼亚式黑色果，餐用。

该品种适于中国南方发展。1978年中国代表团赴西班牙考察带回部分种苗，1979年联合国粮农组织又资助引入，栽种在四川开江县品种园，生长结实良好。在四川西昌及云南种植，表现良好，很少有孔雀斑病及肿瘤，是值得推广的品种。

十、卡林（Kalinjot）

该品种产于阿尔巴尼亚南部沿海地区，特别在发罗拉省占该地区总株数的90%，年产量占该地区的1/3。南方的萨兰达省也是推广区。这里年均气温16.9℃，1月均温9.2℃，极端最低气温-7.2℃，年降水量1 027.6毫米，土壤为黑色石炭土。在中国的引种实验中，南方较北方生长好，武汉表现不好，四川西昌表现良好。凡柑橘能生长的地方，该品种亦能生长，比柑橘略耐寒2～3℃。树冠高大，枝开展而疏散。主枝角度开张约50°。叶窄披针形而平展是其显著特征。完全花比例高，自由授粉坐果率达1%～1.5%。果实宽椭圆形，果顶略下陷，果柄陷入显著，果长

2.0～2.4 厘米，宽 1.5～2.2 厘米，单果 2.13～6 克，平均 3.8 克。成熟期长，由 11 月至翌年 1 月底。成熟的果实呈紫黑色到黑色，果点明显。品种内多样性明显，果实有圆果型、卵果型。此外花色有黄花长枝型。此品种有薄叶卡林和晚熟卡林等变异。自花可孕。产量大小年不明显，产量高。经过 40 年的统计，果实含油率可达 34.6%，平均产量达 35～40 千克/株。工厂榨油出油率达 27%～33%，油质中等。对孔雀斑病、枯萎病及橄榄蝇敏感，抗旱力中等。

十一、克里$_{172}$（Kpbimcka$_{172}$）

该品种主要分布于前苏联黑海沿岸及高加索地带。抗寒、耐瘠薄，丰产。树冠高起呈圆球形，树势高大，主枝直立。叶片大而椭圆，叶先端突尖，叶背具褐色鳞毛。本品种果型可分为大果型及中果型。果实椭圆及倒卵椭圆形。果大、肉厚，产量较稳定。扦插繁殖较困难，可以嫁接繁殖。可在较寒冷的地方推广。花序中等长，每个花序有 14～15 朵花，自花授粉坐果率高达 7%，自由授粉率 8.4%，'佛奥'、'米札'、'钟山$_{24}$'为其授粉树。

可以在较北的地区或海拔较高处推广。陕西省宝鸡地区可试种。1977 年在武汉 -18℃的情况下叶片未受冻，生长表现良好。在陕西城固县 10 年生树单株产果 100 千克。因果型大，可作盐渍黑色餐用橄榄。

十二、莱星（Leccio）

原产于意大利的莱星城（Leccio）而得名。因本品种以抗寒及抗孔雀斑病而出名。深受各国油橄榄种植者欢迎。现已引种到西班牙、阿尔巴尼亚、阿根廷、日本等国，分布已到油橄榄产区边缘，意大利的中部。中国已引入，种植于甘肃、四川等地。能适应碱性土壤并耐干旱。树冠大而平展，果枝平而下垂。叶披针形。叶面浅绿，叶背银白色。花序较短，花朵大。一个花序可结

3~5个果。自花不孕。它的授粉树有‘佛奥’、‘配多灵’。果实长椭圆形，果重3.5~4克，成熟时黑色，有光泽。果肉率71%~76.2%，鲜果含油率20%，产量中等，油质非常好。成熟期为11月下旬。以抗孔雀斑病及抗寒而著称，一般在-12℃不受冻害。

我国于1969年从阿尔巴尼亚小量引入，1979年由FAO的技术基金项目又引入大量种条。在中国亚热带的北部地区表现良好。甘肃武都引种4年生幼树601株中有161株结果。最高单株产果7千克。植株健壮，无病。在四川绵阳地区也表现良好。作为一般油用品种，值得推广。也可制成盐渍黑色餐用橄榄。因世界上近年来大量发展果用品种，油用品种数量在逐年减少，但在中国油用区和油用品种还有很大的发展潜力。

十三、小苹果（Manzanila）

本品种多分布在西班牙东南部的Seville省，近来扩大到附近地区，栽培总面积85 000公顷，是当地突出的品种。本品种已推广到美国、以色列、阿根廷、澳大利亚、墨西哥、日本等国。中国已引种，目前分布在甘肃和四川等省。树形中等高，易采摘。枝直向上伸长，形成不太稠密的树冠。叶小，短而厚，具有绿色至淡绿色的叶脉。核卵形，略不对称，一面粗，有9~10条脉，核顶圆，对称。最大的横切面在果的中央部位，呈圆形。果实苹果状，果斑凸起，果顶鼓起呈抛物线状。果肉厚，乳黄色，含油率20%，200~280个/千克，肉核比6:1。本品种生长不甚旺盛，但有早结实的特点。果实呈绿色后即可正常采收。有自然大小年，但不明显。能适应不同类型的土壤。根系发达。在雾状扦插条件下，生根良好。自花受孕率高，花期早，在美国已找到授粉品种。果实成熟非常快，在西班牙为了餐用加工，果实绿时就采，几乎全部进行西班牙塞维利亚式乳酸发酵加工，制作餐用橄榄，果肉有非常好的口感。在美国加利福尼亚，当果实开始转色时采收，也几乎全部用作餐用橄榄，制成氧化黑色加利福尼亚式果用橄榄。本品种有好的肉核比，贴在核上的肉很少。采收时要十分小心，以免损伤果实。具有中等的含油率（15% ~20%），油质好。对孔雀斑病、橄榄瘤和枯萎病敏感。中国1978年引种，在四川开江和西昌凉山品种园表现非常好，产量高，试制的餐用塞维利亚式的绿色乳酸盐水橄榄，口味也很受欢迎，是一个在中国可以推广的品种。

十四、配多灵（Pendollino）

该品种原产于意大利，主要种植在意大利的托斯卡拉大区的内弗罗冷萨省。从南斯拉夫、阿尔巴尼亚引入中国后在西昌等处作授粉树研究，效果良好。树冠低矮而稀疏，扁圆头形，分枝角度大。可作为‘软阿斯’的授粉树。因枝条下垂，可分为两个类型，一种枝条下垂似人流泪的状态；另一种下垂略轻。叶片细长披针形。可耐 -5℃气温而不致受害。其完全花比率为94.7% ~97.1%，自孕率3% ~4%，结实率9.2%。果实倒卵形，不对称。单果重2.56克，含油率22%，油质好。果肉率77.8%，每千克得果391粒。10年生树，株产果16.7千克。用‘佛奥’作授粉树可提高产量，每株树产1.58千克。抗寒、丰产、稳定。

十五、皮削利（Picholine）

该品种原产于法国加尔德省的科利阿斯，整个加尔德省都有种植。1965年法国发生大的冻害后，这一品种扩大种植到Hera、Aude直到科西嘉（Corse），种植区一直在扩大。此外，西班牙、阿尔及利亚、摩洛哥都在种植，是世界上广为种植与应用的品种，适应性很强。树形生长中等，不太高，树枝紧凑，树冠球形。叶小而窄，边波状。自孕率低。果实长卵形似鸽子蛋。果顶具嘴，果底对称，果多肉、坚而脆。单果重3 ~4克，每千克有275个果；核重0.55克。果肉率87.99%。完全成熟时在9月底至10月初。特别要注意的是，制作青果罐头，适宜的采收期仅8 ~10天的时间。该品种为法国最有名的青橄榄，餐用品种。意大利大量用该品种制成乳酸盐水青橄榄产品。半木质化枝条扦插生根难，嫁接亲和力强。结实早，高产。种植后第三年每株平均可收得2千克的果。结实能力强，具有一个花序结数个果的丰产特性。需要早期整形，需要每年修剪。果实油质好。耐瘠薄，喜石灰质土壤，适应性广。在意大利、阿尔巴尼亚、摩洛哥、西班牙引种表现都好。抗孔雀斑病。1978~1979年自意大利、法国引入中国。在四川三台、西昌，陕西城固，甘肃武都等地表现良好。4年生植株平均株产1.4千克。种植105株中有88株结果，占83.8%。在陕西城固3年生植株平均株产1~2千克，在四川三台，6~8年生植株平均株产45千克。该品种是一个早产、适应性广的两用品种。

十六、皮瓜尔（Picual）

原产西班牙哈恩省，占该省90%的面积，西班牙政府定为发展品种，并要求在农场高度密植，400株/公顷。在西班牙能耐受-10℃的低温。在1月份均温8.1℃，年降水量600~800毫米的地区生长良好。树势旺盛，树冠不平展，不论在3年生或4年生的枝条上都能长成新枝条。叶披针形，大小中等。果核顶端具嘴，不对称，长椭圆形。成熟果黑色，果肉葡萄紫色，早熟，可成对坐果于果柄。单果重3克，每千克270~470个，含油率23%~27%。核稍长，基部尖，不对称。油用品种，产量高，平均单株产油4.1千克，油质佳。不饱和脂肪酸和脂肪酸含量84.94%，其中油酸含量77%。大小年不明显。果实易脱落。适应性强，能耐-10℃的低温。萌蘖性强，扦插、嫁接成活率高。果经处理或不处理均可以制作绿色或黑色的橄榄果。1976~1979年由联合国粮农组织资助引入中国，结果早，产量高。在四川三台，4年生嫁接树平均单株产果7.75千克。但对孔雀斑病、油橄榄蝇敏感。有大小年结实现象。

十七、尼基塔$_{Ⅰ}$（Nikitskii$_{Ⅰ}$）及尼基塔$_{Ⅱ}$（Nikitskii$_{Ⅱ}$）

‘尼基塔$_{Ⅰ}$’及‘尼基塔$_{Ⅱ}$’分布在黑海沿岸阿普歇伦半岛。‘尼基塔$_{Ⅰ}$’树冠扁圆头形，枝多而直立，叶披针形。‘尼基塔$_{Ⅱ}$’小枝披散，多下垂，叶披针形。‘尼基塔$_{Ⅰ}$’每千克果312粒，单果重3～4克。果肉率81%。‘尼基塔$_{Ⅱ}$’每千克果232粒，单果重4～5克。果肉率82.2%。结果早，抗寒性及抗孔雀斑病力强。‘尼基塔$_{Ⅰ}$’、‘尼基塔$_{Ⅱ}$’及‘克里$_{172}$’三个品种都是尼基塔植物园培育的品种，可以在中国适生区的北部地区推广试验。在湖北武昌地区引种试验表现良好。在昆明市及四川西昌引种试验表明，‘尼基塔$_{Ⅰ}$’含油率20.03%；‘尼基塔$_{Ⅱ}$’果肉率81.0%，含油率中等。

十八、国外高抗性品种

（1）安哥斯（V-angec） 西班牙品种，耐旱、耐寒，油用品种；

（2）奇迹（Koroneiki） 希腊主栽品种，耐旱、耐寒，含油率高达24%～28%，延长榨季。

十九、国外高含油率的油用品种

（1）卡米莱林（Chemlali） 为目前世界上含油率最高的品种，含油率高达26%～28%；抗寒性强，多酚含量高，果型特小，可自花授粉；

（2）毛诺酪（Moraiolo） 意大利品种，果型小，含油率高达18%～28%，多酚含量高；

（3）考林卡芭（Cornicabra） 西班牙品种，果型中等，含油率高达23%～27%，耐寒性强，多酚含量特高，可自花授粉；

（4）艾袍垂（Empeltre） 西班牙品种，果型中等，含油率高；

（5）马拉克（Manaki） 希腊新品种，含油率高；

（6）蔓哥偌（Megaron） 希腊新品种，含油率高；

(7) 帕垂林 (Patrini) 希腊新品种，含油率高;

(8) 马斯讨得斯 (Mastoidis) 希腊新品种，含油率高，抗盐碱;

(9) 阿尔卑奎纳 (Arbequina) 西班牙品种，果型小，含油率高达22% ~27%，耐寒性强，多酚含量低，可自花授粉;

(10) 阿尔保萨那 (Arbosana) 西班牙品种，果型小，含油率高达23% ~27%，耐寒性强，多酚含量低，授粉树为‘阿尔卑奎纳’(Arbequina) 和‘奇迹’(Koroneiki);

(11) 安哥兰德 (Aglandau) 法国品种，果型中等，含油高达23% ~27%，耐寒性强，多酚含量中等，可自花授粉;

(12) 探嘎斯卡 (Taggiasca) 意大利品种，果型中等，含油高达22% ~27%，耐寒性中等，多酚含量中等，可自花授粉;

(13) 发嘎 (Farga) 西班牙品种，果型中等，含油高达23% ~27%，耐寒性强，多酚含量中等，授粉树为‘阿尔卑奎纳’(Arbequina)。

(14) Koroneiki Koroneiki 是希腊的一个主要油用油橄榄品种，它的品质特点得到很好的认可，但是果实非常小，草绿色的果实果味非常浓。Koroneiki 榨出的橄榄油通常颜色相当绿，中等程度的辛辣味。它需要较长时间的格架支撑，大约2年或者更长的时间。

二十、油果兼用品种

(1) 霍吉布朗克 (Hojiblanca) 西班牙品种，油果两用品种，含油率18% ~26%，抗寒性强，果型大，多酚含量中等;

(2) 特使 (Mission) 美国餐用品种，果型中等，含油率高。

二十一、餐用品种

(1) 坦霍 (Tanche) 法国餐用品种，果型较大，含油率中等;

(2) 卡拿蒙 (Kalamon) 希腊新品种，果型较大，含油率中等。

第四章　油橄榄育苗与繁殖技术

油橄榄的繁殖方法很多，目前已知的繁殖方法主要有扦插、嫁接、种子育苗、压条、埋条、根蘖、树瘤分植等方法。随着生物新技术的应用，还可通过组织培养方法繁育苗木。最新的植物克隆技术（植物高效快繁技术）最近也应用到了油橄榄的繁殖中来，该技术比传统育苗大大降低了成本，加快了速度。

国内在引种油橄榄初期，由于穗条紧缺，多采用嫁接方法繁殖。后来大量采用硬枝扦插方法。随着拱棚和喷雾技术的应用，嫩枝扦插占据了主导地位。实际生产中究竟采用哪种方法为好，应根据各地的技术、经济和种源（穗源）等条件来决定。

第一节　油橄榄种子育苗

油橄榄种子繁殖遗传性状不稳定，容易分化，所以多在引种驯化、品种选育和培养嫁接砧木时采用。

一、影响种子发芽的因素

油橄榄的种子发芽比较困难，特别是栽培品种的种子，不但发芽率低，而且发芽迟缓。

二、促进发芽的方法

油橄榄种子的休眠期为 1 年左右，采用休眠种子播种，发芽时间拖得很长，出苗很不整齐，技术管理非常困难。要打破种子休眠期和提高发芽率，应采用如下方法促进发芽。

（一）破壳处理

比较有效的办法是“去尖”，即用剪种钳剪去种子尖端1/3的外壳，有提早出苗和提高发芽率的作用。“去尖”的种子，在30～40天开始发芽，60～75天大部分发芽，而对照需要95天才开始发芽。“去尖“处理的种子发芽率达61%～72%，而对照只有7%～9%。这种方法主要适用于厚壳品种。在进行化学药剂处理时，经常结合“去尖”方法，以达到药剂易于进入种内的目的。如采用完全去壳处理，播到土壤后容易腐烂，在生产上不适用。

（二）药剂处理

将去壳的种仁经过药剂处理后，可提高发芽率。如用0.5%的过氧化氢处理24小时，能使发芽率由25%提高到65%；用0.75%的碳酸钠或0.5%的氢氧化钾或氢氧化钠，分别浸种6小时，其发芽率分别为66%、57%和44%。以碱类处理效果较好，用酸类药剂处理无效。

（三）沙藏催芽

先用加20～25℃的温水浸种5～6天，每日换水1～2次，然后再层积30～60天，种壳厚的或果肉脱得不干净的种子，时间要长些。沙藏时每层沙的厚度10厘米，种子厚度5厘米，总厚度不要超过50厘米。在层积期间至少每星期用过筛的办法翻1次，这是层积成败的关键，也是油橄榄种子层积与其他果树种不同之处。层积中的沙子含水量不宜过高，若含水量在9.3%（手捏沙成团不散）、4.2%（手捏沙成团，放开后散开）和2%（手捏沙不成团）时，沙藏后播种，发芽率分别为0%、16%、25%。这说明种子层积要求较低的湿度和较好的通气条件。沙藏方法是生产中简便而有效的催芽技术。沙藏种子裂口率达10%以上时即可播种，青熟果种子沙藏30天左右即裂口，比老熟种子快。

（四）赤霉素处理

油橄榄的种仁内，存有脱落酸之类的发芽抑制物质，可用赤霉素解除，还能促进胚根的生长，使种子内的过氧化氢酶活性增强。用赤霉素处理有两种方法。

1. 用赤霉素处理种子

在沙藏前，先把种子洗净，再经过温水浸种一天后，用浓度400ppm（毫克/千克）赤霉素溶液在搪盆或缸内浸泡24小时。药液用量以浸没种子表面2～3厘米为度，取出种子在室内晾到种子表面充分干燥后再进行沙藏。

2. 用赤霉素处理种仁

对于去壳的种仁，可用浓度50～200ppm（毫克/千克）赤霉素溶液浸种12个小时后，再用湿润的河沙催芽11天，使种仁裂口率可达到70%。

三、播种床的设置

苗床设置分露地和温室两种。采用温室播种，可以提高发芽率，延长幼苗的生长期，有利于培育壮苗。在无温室条件的地方，也可在露地播种育苗，但必须细心管理和做好防寒工作。

（一）露地播种

苗床应设在避风向阳、排水良好、土壤疏松肥沃的地方。如土层黏重，应加沙，改良床面10厘米深的表土层，苗床要做成高畦以利排水，床宽为1～1.2米，长度可根据需要而定。床土要消毒，用多菌灵500～600倍或百菌清800～1 000倍液喷洒灭菌，或用0.2%～0.3%的高锰酸钾喷洒消毒。若在床面铺3～5厘米厚的火烧土更好，既无菌无虫，又有营养。播种方法可采用撒播或条播。播后用木板轻压，盖细土厚1.5～2.0厘米。硬土要疏松，用过筛的火烧土加沙作盖土，最后在畦面上盖草帘保湿。如有大雨应及时用塑料膜覆盖，以防冲毁苗床。秋后气温逐渐下降，应注意防冻保温。

（二）温室播种

在温室播种时，床土材料、消毒方法和播种方法等与露地基本相同。但应特别注意要认真做好床土的消毒工作。

（三）播种期与播种量

油橄榄的播种期是以秋播为主，这是由于该种的生理特性所决定的。如春季播种，随着气温的上升，发芽力减弱，整个发芽过程要拖到秋、冬才能完成；夏季播种，高温不能打破休眠，反而大部分种子丧失发芽能力。

油橄榄播种的适宜期是9月中、下旬，冬季温暖地区可适当延迟半月左右。对去年的种子或当年早熟品种的种子，药剂或沙藏进行催芽处理后播种；对于青熟果实的种子，应随采收、随催芽、随播种，不受时间限制，发芽成活率很高。由于地区气温的差异和品种成熟期的不同，采收和播种的时期，应根据当地的实际情况而定，但播种期从总体来说是在秋季进行。

播种量因种子大小和优种率而不同。为了促进苗壮，减少病害，幼苗不宜过密，一般每平方米播种0.5～0.8千克，出苗为500～700株比较适宜。

四、播种床的管理

在一般苗床管理方式的基础上，应着重注意下列几点。

（一）水分管理

从播种到幼苗开始出土期间，要注意保持适当的水分，要使苗床表土湿润、疏松、不板结，为此应在草帘等覆盖物上喷水保湿。不可采用漫灌的方式浇水，以防种子因土壤水分过多而引起腐烂。最好在苗床上增设微喷灌设备，不但能满足种子对水分、温度、氧气等条件的需要，还能节省劳力和覆盖物等经费的开支。

（二）温度管理

出苗高峰期间，如露地苗床上覆有塑料膜时，要注意中午前后塑料膜下的温度过高现象。此时的气温经常上升到40℃以上，对幼苗的危害非常大，要特别注意通风降温。对于温室管理，也应注意中午前后温度的变化，通过开窗通风、喷水保湿，达到既克服高温危害，又得到空气交换的目的。

（三）灭菌施肥

当幼苗已基本出齐后，苗床应每隔半月左右喷洒一次800倍多菌灵杀菌剂，或喷一次1%的波尔多液，可防治立枯病。苗床施肥应撒草木灰一层，对温室苗床可进行追肥，以便促进幼苗生长。一般可用稀释10～20倍完全腐熟的人粪尿，每平方米施5～10千克。或喷洒过滤过的1%过磷酸钙浸出液，每7～10天喷1次。总之重点要做好病害防治以促进幼苗的生长。

（四）严防冻害

油橄榄主要是秋季播种，需要经过漫长的冬季，要做好冬季防风防寒工作，必要时还应进一步增设粗盖物或增温设备。

五、幼苗移栽与管理

油橄榄的播种是在苗床或保护地进行的，其密度很大，为了培育大苗还需要将幼苗移植到苗圃大田继续培养。

（一）幼苗移栽地准备

对移栽地要进行施肥、翻耕、平整及整修排灌系统等工作。根据油橄榄的生理特性，移栽地的前作不能是茄科植物，如辣椒、茄子、番茄、烟草等。在整地时要注意加施钙质肥料，如石灰每亩可施15～20千克，过磷酸钙每亩50～100千克，或是骨粉每亩25～50千克。整地做畦要考虑嫁接方便，可根据行距50～80厘米，株距20～30厘米的规格，确定畦的宽度和长度，畦埂高15厘米、宽30厘米。

（二）移苗的时间与方法

早移幼苗是培育壮苗的一项重要措施。要求在晚霜过后及时进行。在亚热带地区由南向北的移苗时期是：福建、广西自2月下旬至3月上旬，湖北（武汉）3月下旬至4月中旬，江苏4月初至4月下旬，陕南4月下旬至5月初。移苗期不要拖长，要在20天左右完成，要抢季节进行移植，太晚了因气温上升，会影响苗木成活。

幼苗的移植，从出现1对子叶直到苗高8厘米左右，都可以进行。对于过长的根系要修剪，一般留10厘米长的根系即可。移栽时要使幼苗直立，根系舒展。对于太小的幼苗，要轻拿轻放，细土壅根，不用手压，然后灌水定根。

（三）移栽后的管理

对移苗后的抚育，应根据油橄榄幼苗的生理习性，注意做好如下几方面的工作。

1. 松土

油橄榄要求土层疏松、通气条件良好。所以松土对促进苗木的生长作用明显，应经常进行中耕除草和松土，特别是灌水后，要及时疏松土壤。

2. 施肥

在冬季有冻害的地方，8月以后不应再施氮肥，应追施磷钾肥。磷肥可按每亩25千克施用，钾肥可施用草木灰，或喷洒0.2%磷酸二氢钾，以加速苗木的木质化，提高抗寒能力，以利于越冬。

3. 排灌

雨季时期，排水工作是保护幼苗生长发育的重要环节。灌溉主要用在长期干旱的时期。在冬季有冻害的地方要注意冬季灌水，冬季灌水是油橄榄防寒的重要措施。

4. 病虫害防治

油橄榄在幼苗生长期，主要病虫害有根腐病、地老虎、蛴螬等。可进行清沟排渍，喷洒杀菌剂，防止根腐病的发生。为防蛴蛴侵袭危害幼苗，可在中耕除草时用氧化乐果农药拌麸皮诱杀，在施肥时尽量不用厩肥，特别是鸡粪等。

第二节 油橄榄扦插育苗

油橄榄不同品种扦插生根能力有明显差异。根据生根难易可分为以下三类。

（1）难生根品种 如‘贝拉’、‘莱星’、‘克里’。

（2）较难生根品种 如‘米札’、‘爱桑’。

（3）较易生根品种 如‘阿斯’、‘佛奥’、‘卡林’。

一、硬枝扦插育苗

油橄榄的硬枝扦插，多用1年生完全木质化的枝条作插穗，于秋后进行。秋后扦插可使插穗在冬季严寒来临之前形成愈合组织，或有少量的生根。再经漫长冬季过渡，待来年春季变暖时才能大量生根。

（一）插床设置

扦插苗床应选在背风向阳、具有水电、排水良好、管理方便的地方。各地大都采用高荫棚下设置的露地沙床或大田土床，也有的采用土法温床。

1. 露地沙床

可分高床和低床两种，高床的床宽为1米，长为6~7米，高为50~60厘米，四周用砖砌成，床底填20~25厘米厚的石子，中层填5~10厘米厚的煤渣，上层铺扦插基质20~25厘米；低床的宽度为1米，长为6~7米，床高是20~30厘米，四周用砖或石头砌成，床的底层填8~10厘米肥沃的灶肥或园土，上层铺扦插基质（沙）。

2. 大田土床

土床也应选择背风向阳、地势较高、水电齐备、管理方便的地方建床，也需要搭建高荫棚。床高30厘米，宽为1米，长为5~

6 米。床的周围设排水沟，沟宽 50～60 厘米，主沟宽为 70～80 厘米，主沟比床沟深 10 厘米，要求沟沟相通，达到雨停沟干无积水。

以上两种插床，应选用不利于病原菌活动、排水和通气良好、保水性也较强的材料作基质。在生产中常用的基质材料有：粗沙和细沙各半、沙与土各半、细黄沙、砂壤土等。实践证明，以粗、细沙各半或细黄沙作为扦插基质较为理想。在秋季扦插工厂化育苗，多用珍珠岩为基质，它除具有上述优点外，其保温性能也较好。扦插前需把基质湿润摊平。

3. 酿热温床

温床应选在地势较高、地下水位低、排水良好的地方。首先挖深 80 厘米，宽 1 米，长 6～8 米的低床，于低床底部中间位置开一条宽为 20 厘米，深为 15 厘米的通气排水孔道。孔道上铺盖砖块，孔道两端伸出床的两头，以利于排水。床的下层填 10 厘米厚的石子，向上再铺 10 厘米厚的小瓦片。酿热物设在中层，自下而上分别填入稻草 10 厘米，马粪 10 厘米，棉籽 5 厘米，再铺入稻草 5 厘米，最上层铺扦插基质 20～25 厘米，一般采用粗河沙作基质。

以上 3 种插床，如为了增温和保温，可加盖塑料薄膜，或做成小拱棚。在春、夏、秋三季还需要搭建荫棚遮荫，调节光照和温度。

除上述 3 种插床外，随着新技术在育苗上的应用，还可采用电热温床、水暖温床和拱棚微喷灌等设施，以加快生根速度，提高生根成活率。

（二）扦插季节

油橄榄的硬枝扦插一年四季都可以进行，但因秋后扦插率高，所以各地都以秋插为主，春插为辅。而夏季如能控制好温湿条件也可进行。

秋季扦插是在母树停止生长后进行，一般在10～11月期间。优点是：因插穗采用当年生枝，枝条来源丰富，顶芽饱满；枝条未经越冬过程中冻害的侵袭，再生能力强，有利于生根。在油橄榄适生区，秋季的气温有利于插穗伤口愈合，也便于水分管理，待来年春季大量生根后，苗木移栽早，成活率高，全年生长期长，苗木生长健壮。

春季扦插，要采用没受冻害的枝条，在2～3月份进行。这时气温已逐渐升高，扦插生根快，管理也比较省工。一般插后1个月内即可开始生根，2个月左右能大量生根。但春插没有秋插效果好。

（三）插条准备

插穗准备是扦插繁殖的首要工作，是扦插成败的重要条件之一。

1. 品种的选择

对于不同品种，插穗的生根能力有明显的差异。选择油橄榄品种时，除考虑生根率外，还应尽可能选用适合当地自然条件和栽培目的的品种。所选品种应具有品种纯正、高产、早产、抗逆性强等优良性状。

2. 插条的选取

选取生根能力强的枝条作插穗，是保证较高生根率的重要条件。对容易生根的品种，应以选用当年生的硬枝为主。如选用多年生的枝条作插穗，其插穗基部应先将皮层刻伤，经过激素处理后再扦插。对木质化程度高的枝条在进行秋插时，应剪取枝条的梢段和中段部位作为插穗。对于难生根的品种，应重点选用幼龄实生树的枝条作插穗。

3. 插条的护理

当插条选取好后，要保持插条的高质量，就必须做好插条的保护工作。大风天气叶片蒸腾大不宜采条。为避免风吹日晒，最好在早上或是傍晚进行。采集的枝条，要经常进行喷水降温保湿，以保持叶面湿润。对于大批量的插条，不要长时间地堆放，以免产生积热对插条造成损害。在长途运输时应采用空调车，低温不得低于4℃，以保证插条免受冻害。为了方便管理，在采收插条时，应将插条分品种捆扎，拴上标签，标明品种名称、采收地点和采集时间等。

4. 插穗的切制

在插穗切制前，对原条应进一步挑选，要求原条无病虫害，枝叶生长良好，搬运时未受损伤。

油橄榄枝条的节间长短随品种而异，剪成的插穗长度一般为8~10厘米。如条源较多或枝龄较大（2~3年枝成条）也可剪成10~15厘米长，对生根和生长有利。每个插穗保留2节3个芽眼和1~2对叶片，最基部1对叶片要剪去。剪切办法是上下剪口以平剪为宜，上剪口应距第一节0.5厘米，下剪口则应紧靠基部节处。剪好后扎捆，每捆50~100条，下端齐平（图1）。

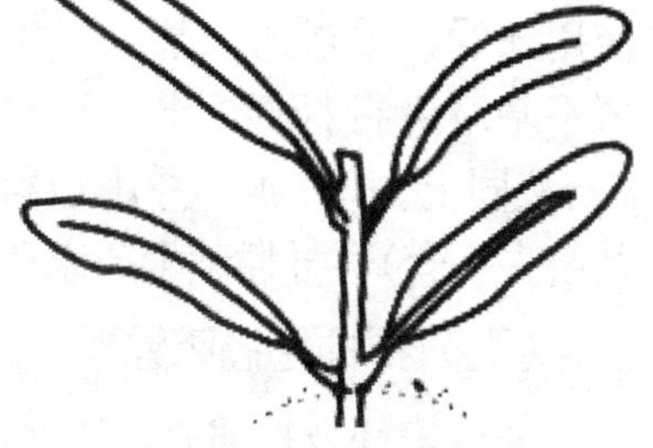

图1 插穗的切制示意

（四）插穗的处理

1. 插穗的消毒灭菌

插条在采集、运输、剪切等操作过程中，可能造成腐烂病，为了防止腐烂病的发生，对已整理成捆的插穗必须进行消毒灭菌。一般采用浓度为0.2%~0.3%的高锰酸钾溶液，或600~800倍的多菌灵溶液进行灭菌处理。处理时将整捆插穗浸泡一下便可。

2. 生长素处理

用生长素处理插穗，对促进生根有显著的作用。生长素处理可使油橄榄插穗的愈合与生根的速度加快，生根率明显提高，根系发育较好，管理时间缩短，提早生根苗移栽时间。

目前，生产上常使用的生长素处理油橄榄插穗的有吲哚丁酸（IBA）、萘乙酸（NAA）和ABT生根粉等。

此外，大批量硬枝扦插时，也常用滑石粉糊速蘸插穗，既简便，药效作用时间也长，生根效果好。配制方法是：将1克生长素预先配成1 000ppm（毫克/千克）的原液，然后加入1千克左右滑石粉，搅拌成糊状（蘸上插穗呈白色状）即可使用。

以上浓度和浸泡时间系指对硬枝使用，如为半木质化嫩枝浓度宜小些，浸泡时间宜短些。

3. 插床基质的消毒灭菌

为了防止插穗感菌而霉烂，扦插床基质和容器基质都要进行消毒灭菌。沙质插床消毒宜于扦插前1～3天，用0.1%～0.3%高锰酸钾或500～600倍多菌灵溶液或甲基托布津（浓度按产品使用浓度）喷透插床基质。扦插前再用清水喷洒洗去药液，然后摊平基质进行扦插。装入容器的基质在搅拌时也应用药液灭菌（药液同上）、堆放，并用塑料膜覆盖3～5天后再使用（操作者戴胶皮手套）。扦插整个插床在傍晚时再喷一次600倍多菌灵药液。

（五）扦插与插床管理

油橄榄硬枝扦插时，根据传统办法将处理好的插穗按行距4～6厘米，株距1～3厘米进行扦插。其深度为插穗长度的2/3。深插的目的是为了使插穗基部能够吸收插壤的水分。扦插后浇透底水，加盖薄膜和遮荫设施。

认真搞好插后的管理是扦插成败的重要环节，而管理工作主要是对温度、湿度、光照和空气等环境条件进行合理调控，以便满足插穗生根的要求。

扦插苗生根的过程可分恢复生理活动、愈合、生根3个阶段，分别采取不同的管理方法。

1. 第一阶段

第一阶段即10～11月期间，是扦插初期，是插穗恢复正常生理活动的阶段。要避免阳光暴晒，应注意遮荫，透光度宜控制在50%左右。适当加大喷水量，使插穗尽快恢复生理平衡，叶片保持新鲜光亮。在晴天中午前后，当气温超过25℃时，应揭开拱棚的两头通风换气，增加棚内CO_2的含量，有利于光合作用，并对苗床喷水增湿降温，但洒水不宜过多，以免插穗腐烂。

2. 第二阶段

第二阶段即12月至翌年2月，是愈合到生根初期。

此时正处于冬季寒冷时期，要重点做好防寒工作。当气温下降到5℃时，要采用双层膜拱棚，或两层膜夹草垫等方法进行防寒保温，增设防风屏障。在冬季的雨雪天气，要经常检查插床，将四周的薄膜盖严、压紧。雨雪停止后的晴天，注意透光通风，进行晒床喷水，提高床内基质的温度和湿度。此时期还应注意增施肥料，每隔10~15天用0.1%浓度的硼砂、磷酸二氢钾、尿素等进行叶面喷肥。喷肥时间应选在15：00以后。喷肥是油橄榄扦插育苗提高生根率的有效措施。第二阶段是插穗体内物质转化阶段，促进生根的物质逐渐增多，是根原基形成和发育的重要时期。加强防寒保温、喷水追肥、通风、晒床等工作，可使春暖之时插穗生根整齐、迅速且根系发育良好。

3. 第三阶段

这一阶段即3~5月期间，正是插穗大量生根的时期，在气温不断升高的同时，要逐步加大喷水量，以喷水控制湿度和温度。为了提高光合作用，荫棚透光度宜控制在60%~70%。晴天增加揭膜时间，并逐渐延长。此期还要进行根外追肥，可每7~10天进行1次，其浓度要增加到0.2%。为插穗生根增补充足的营养，可大大提高生根率。

要做好苗床的防病工作。除在扦插前对苗床基质进行消毒外，在扦插后对插穗要经常进行灭菌，可用800倍的多菌灵或1 000倍百菌清液喷洒，每7~10天喷洒1次。生根苗移植前2天再喷1次药。

（六）扦插苗的移栽与管理

1. 育苗地的选择

油橄榄是强喜光树种，但其根系害怕积水，在光照充足、黏重而潮湿的土壤上生长不良。因此移栽苗的育苗地应选择地下水位低、排水良好、土质疏松的中性或微碱性土壤，以及阳光充足、水电方便的地方作为育苗地。

2. 整地施肥

苗木移栽前要整好地，最好在冬季或早春进行二犁三耙，结合深翻土地施足基肥，每亩施腐熟饼肥 150～250 千克，石灰 10～50 千克。然后整平作床，床宽 1.2 米，床高 20～30 厘米，床长应根据地形和需要而定。床的周围设排水沟，沟宽 40 厘米，沟深 30 厘米。主沟宽 50 厘米，沟深 40 厘米。排水沟也可作为灌溉输水用。

3. 移栽时期

油橄榄因扦插时期不同，移栽时期亦不同。移栽应根据扦插苗生根情况而定。当插穗生根成活在一半以上时，即可进行移栽（也叫翻床）。如在初秋的扦插苗，因气温还比较高，有些插穗于年前已经生根，可在 12 月进行初步移栽。初步移栽可在有防寒设施的棚内进行，株行距应该密一点，一般为 4 厘米×6 厘米，以便加盖塑料膜防寒过冬，待来年再移栽到苗圃地。如在初冬扦插的插穗，因气温已逐渐变冷，只能待来年 3～4 月生根后再进行移栽。如是早春扦插后的生根苗，可在 5 月底进行移植。每次翻床起苗，对于还没有生根的插穗，应经过生长素再处理，然后插回原苗床继续培养。

4. 移栽方法

在翻床起苗移栽时，要尽力做到不断根或少断根，要轻拿轻放，还要防止日晒和风吹。可用湿青苔或清洁的湿麻布、湿木屑等物覆盖根系，运到苗圃地之后要及时栽植，不宜长时间存放。

如果长途运输，应装箱保苗，用空调车护送。为了提高移栽成活率，起苗移栽应选在阴天或是雨前进行，这样对移苗不需遮荫，既节约人力和物力，又能得到良好的成活率。移栽时对生根苗的叶片和腋芽要小心保护不可损伤。移栽时要先开好浅沟，沟距为30～40厘米，株距为15～25厘米，把苗放入沟内，舒展根系。左手扶直幼苗，右手用细土覆盖根系，覆土不要重压，如根系很长，应适当剪短。

为了提高造林成活率，也可将扦插生根苗移栽到软质塑料容器中（参见本章第二节四、育苗容器），在苗圃地里培育到出圃造林要求时，直接供造林之用。

5. 栽后管理

幼苗管理包括松土、除草、灌水、施肥、修剪、防治病虫害等。

生根苗栽好后，应立即浇透定根水，使土壤与根系紧密结合。以后要经常保持土壤湿润，但不能过湿或积水。

当幼苗萌发新梢后，要施稀薄的人粪尿、少量的尿素，以促进苗木生长。5月以后逐渐增加磷、钾肥的数量。有冻害的地方在8月底即停止施氮肥。秋后应保持田间适度干燥，促进苗木提早木质化，也可用0.2%的磷酸二氢钾溶液喷洒叶面追肥，以便满足苗木对钾元素的需要。

二、嫩枝扦插育苗

（一）插床的建造

因嫩枝扦插所采用的配套设施不同，插床的结构与建造方法也不相同。根据当前各地嫩枝扦插的做法，一般使用塑料膜覆盖的拱棚加微喷灌和大型温室加微喷灌的较多，使用全光喷雾的较少。但全光喷雾有着广泛的发展前途。现将拱棚插床、大型温室和全光喷雾插床的建造介绍如下。

1. 拱棚插床和大型温室

拱棚插床即在插床加盖拱形塑料膜棚，上方搭建荫棚，以调

图 2　拱棚插床示意

节温度、湿度和光照（图 2）。拱棚插床的建造，应选在背风向阳、地势较高、具有水源及电源条件的地方。床的高度 30 厘米、宽度 100 厘米，长度 5 ~ 6 米。床体用砖砌成。床底挖深 10 厘米，宽 10 ~ 20 厘米并有一定斜度的排水沟，以便排出余水。床底层铺5 ~ 10 厘米厚的碎砖或石子等，以利透水，上层可铺扦插基质 20 厘米左右。基质可采用砂、珍珠岩、蛭石、锯末、炭化稻壳等。拱棚高度 50 ~ 60 厘米左右，可用竹片、钢筋等做支架，上盖塑料膜。荫棚高度 70 厘米左右，上搭荫帘。各地因具体条件的差异，对上述插床规格和所用材料可灵活运用，如有条件喷灌，还可在棚内安装喷灌管道，在棚外修水池、水泵。安装水分控制系统，实行定时喷雾。

拱棚插床的优点是搭建比较简单，所需材料大多可就地取材，成本较低，如能和喷灌相结合，亦可取得较好的育苗效果。尤其是在晚秋和冬季嫩枝育苗需要保温时，更是较理想的设施。

大型温室与拱棚插床的区别主要是床体长度可随温室的长度而变，温室的面积大小不同，温室内建造的插床数量与面积也不同。温室的高度、宽度、面积大小可随当地经济条件、选用材料、育苗数量而定。

2. 全光喷雾插床

全光喷雾即在露地全光照条件下安装自动间歇喷雾设备，按苗木对环境条件的要求，自动调节温、湿度，使嫩枝扦插在适宜的温、湿度条件下，接受充足的阳光照射，从而达到快速生根和成苗，大大提高出苗率的目的。间歇喷雾可使插穗上的叶片总保持一层水膜，使插穗在生根前不至于因失水而枯死，还能因水分蒸腾及水温自身的调节，而降低插穗周围及插壤的温度，使插穗在烈日下也不会灼伤，这也省去了遮荫降温的荫棚。间歇喷雾因为在全光照条件进行，可使插穗叶片进行光合作用和体内的生理活动正常运行，从而合成或积累有利于生根的内源植物生长激素、辅助生根物质和碳水化合物可促进不定根的形成。由于全光喷雾的上述功能，大大加快了油橄榄插穗的生根时间，缩短了育苗周期，南方一年可生产多批苗木，很适合工厂化育苗的需要。全光喷雾如能与植物克隆技术结合起来，油橄榄育苗的速度还会大大加快，成本还会降低。

全光喷雾插床与拱棚插床的主要区别是没有拱棚和遮荫设备，床内基质的透水性更强。

（二）扦插时期

油橄榄系常绿树种，不易落叶，这对扦插生根有利。特别在亚热带地区，有丰富的光热资源，为嫩枝扦插育苗提供了有利条件。

嫩枝扦插如采用间歇喷雾方式，全年都可以进行育苗生产。但因插穗的生根习性和环境对生根的影响，应选择最佳生根时期进行扦插。油橄榄插穗生根有两个高峰，即春季 3 ~ 4 月和秋后 10 ~ 11 月。夏季扦插生根率较差，冬季扦插生根能力最低。从全年枝条的萌生情况来看，春季 3 ~ 4 月份抽生的枝条为营养枝，约占全年总生长量的 30%；夏季新梢主要是雨季 7 ~ 8 月抽发出来的，约占全年总生长量的 50%，此梢是来年的结果枝；秋梢指的是 9 月份以后萌发的枝条，枝量少，也属于营养枝。当春梢生长到 30 厘米左右时，其半木化的枝段生根能力非常强，是嫩枝扦插最佳的时期。夏季扦插，只要采用半木质化的嫩枝作插穗，在间歇喷雾条件下，生根效果也很好。

（三）插条准备

插条准备包括：品种选择、采条时间、采条对象、插条保护以及插穗的切制等。

1. 选用优良品种

由于不同品种遗传性的差异，在生长发育过程中，表现出各自的生理个性。这不只是生根能力的不同，在开花结果、产量、抗病性、环境适应性等方面都有明显的区别。所以苗木培育必须选用优良的品种。特别是适宜本地的主栽树种和相匹配的授粉树（如主栽品种‘佛奥’与‘配多灵’相组合能丰产）。在当今市场经济条件下，经济效益放在首位，生根难易放第二位。对于难生根的可采取一定措施来提高生根率。

2. 选取优质插条

插条的质量高低是插穗成活的物质基础，是扦插育苗成功的关键。

为了使嫩枝扦插育苗获得较好的效果，在选取插条时应尽量选用半木质化的嫩枝。因为半木质化的嫩枝，枝条比较充实，内含生根物质和营养物质比较丰富，而阻碍生根物质比较少，枝条生理功能正处于兴旺阶段，分生细胞活跃，再生能力强。质量最好的油橄榄半木质化枝条，是早春 3 ~4 月份萌发的枝条。

为了使油橄榄提早结果，采用夏季萌生而又是半木质嫩枝作插穗，插穗既易生根，成苗又具备提早结果的特性，这是因为结果成年树夏季的萌条多是结果枝。

3. 插条管理与保护

油橄榄品种很多，不同品种有不同的生理特性，因此在枝条采收、存放、运输、插穗制作、扦插等工序中，都要严格按照不同品种和不同等级分别处理。为此，要做好组织工作，防止混乱。

由于油橄榄枝条在被切离母体后，其呼吸、蒸腾、新陈代谢等生理活动仍然运行，并因此而产生微热。如果将大批带叶枝条长时间堆放在一起，积温会越来越高，即产生潮热。有时潮热的温度会升到 40℃以上。堆内的枝条也会在高温的危害下而死亡。从表面看，好像是绿油油的枝条，实际是已失去生命的绿枝。因此在堆放或长途运输时，应将大批枝条放在阴凉处，摊开平放，并经常喷水保湿。长途运输，应考虑用冷藏车或具有保护装置的专用车运行，冷藏温度应设在5～8℃，以早、晚或阴天运输为好。

采条时间最好选在早晨、傍晚或是阴天雨后进行；应避免风吹日晒，注意做好保湿降温工作。大风天气不宜剪条，因风大叶面蒸腾大，容易失水而影响插穗成活。

4. 插条的切制

插条切制因不同季节而异。在春季的萌条生长到30厘米左右时，枝条基部生根能力强，中部次之，尖端不够半木质化的部分要去掉；夏季的新生枝条，生根能力最强的是中部枝段，其次是基部；秋后在停止生长时选用的枝条，应选取顶端部位的枝段作插穗生根能力强，其次是中部，而基部应剪去不用。不同季节所产枝条，之所以生根特性不同，是因为不同生长期的枝条，其不同枝段内所含有的有利于生根的物质有明显区别。

关于插穗剪取的长度，应根据需要与可能而定，如条源较多，插穗应长一些为好，因为插穗大、叶片内含营养物质多，对生根有利。采用较大插穗的一般长9～13厘米，枝节5个左右，叶子不低于2对。如条源少，为了多繁殖一些苗木，插穗长度可适当短一些。

（四）药物处理

嫩枝扦插对插穗和插床、容器均需进行消毒灭菌。对插穗还要进行生长素处理。

（五）扦插方法

1. 插床打孔器育苗法

经过处理后的插穗应及时上床扦插，如果插穗数量大，需集中力量尽快地完成扦插任务。扦插前应将插床疏松耙平，插床基质是粗砂的，为了不使半木质化的嫩枝插条在扦插时遭受损伤，应先在插床上打好孔再进行扦插。为了提高工作效率，保证扦插质量，可以根据插穗大小和扦插密度制造扦插打孔器。打孔器一般由铁管、钢筋和铁板经过焊接而成。

打好扦插孔后，要及时扦插。一般扦插深度在 2～3 厘米之间。在间歇喷雾条件下，深度过大对生根不利。插后随手将插孔用手指压实，或用水壶水冲扦插孔，使基质与插穗相互密接。扦插后，应对扦插苗进行喷药灭菌，并启动喷雾设备定时喷雾保湿。

2. 容器育苗法

为快速培养生根苗，可将嫩枝插穗扦插在育苗容器内，放在托盘上，集中在苗床培养成苗。

3. 沟播育苗法

为了提高扦插速度和密度，也可采用在基质上开小沟的方法，将插穗沿沟摆上，然后把基质培上压实。

（六）插床管理

嫩枝扦插繁殖的成败，不仅取决于插穗选取和基质使用是否科学，扦插时期和扦插方法是否合理，而且很大程度上还依赖于扦插以后的科学管理，它是影响扦插成败的重要环节。

1. 水分管理

水是保证插穗生根和提高成活率的重要因素。根据插穗生根的生理要求，插床的湿度应保持在基质田间持水量的 50%～80%，插穗周围空气相对湿度应保持在 90%～100%，最低也不能低于 85%。

2. 温度管理

适宜的温度条件是油橄榄嫩枝扦插成功的又一重要因素，只有湿度和温度都适宜时，才能促进插穗产生愈合组织，才能生出新根。嫩枝扦插基质的适宜温度是 22～27℃，插床上方适宜气温为 18～22℃。

3. 光照管理

光照是插条愈合生根和正常发育不可缺少的条件。一方面，活体需要进行光合作用合成生根的必要营养物质；另一方面，阳光也是调节拱棚内温度的一个重要因子。强光会引起高温，而弱光时间长了也会引起插穗落叶和切口腐烂。所以调节光照强度是拱棚苗期管理的一项重要内容。对拱棚调节光照主要靠遮荫帘的透光度来调节。透光度应随季节、天气、太阳高度角等情况而变化。一般在秋天透光度小些，冬、春大些。在一天内，10：00 至 14：00 太阳角度较高时可以遮荫，其余时间可以揭去荫帘。阴天和雨天也可以揭开遮荫帘。生根的不同阶段，透光度也应有所变化，生根初期透光度应小些，生根后期透光度可大些。

4. 消毒灭菌

不论拱棚插床还是全光喷雾插床都有传染病菌的可能，特别是油橄榄细菌性腐烂病传播的机会较多。为了防病，除扦插前对插穗和插床进行消毒灭菌处理外，扦插后应喷 1 次药，以后每隔 7～10 天再进行喷药。喷药时间宜在黄昏时进行，采用 800 倍多菌灵或者 1 000 倍百菌清药液交替喷洒。

5. 叶面追肥

油橄榄插穗生根前应每隔 7 天左右喷肥 1 次。可用 0.1% 的硼砂（硼酸）、尿素、磷酸二氢钾或 0.1% ～0.3% 复合肥喷施。在冬季为了弥补棚内二氧化碳含量的不足，应注意通风换气，提高其浓度。

（七）苗木移栽

进行规模化育苗生产，苗木移栽工作非常繁重，要严格按照不同品种分别栽种。在起苗、搬运、栽植等全过程中，要尽量保护苗木不受损伤，做到少断根或不断根。要随起苗、随运输、随栽植。栽种时用左手扶直幼苗，右手用细土覆盖根系。覆土后不要硬压。根系过长可适当剪短。移栽苗的株行距以 20 厘米 ×30

厘米为宜，保证每亩不少于1万株。

（八）移栽苗管理

苗木移栽后，要做好苗期的施肥、灌水、苗木修剪和防冻保苗等管理工作。

1. 肥、水管理

在缓苗期，要严防日照伤害。应根据天气的变化进行间歇喷水，使土壤保持湿润和提高空气湿度，以便幼苗尽快恢复生长。但喷水不宜过多，更不能使土壤积水。当新梢抽出后，为了促进生长，可用0.1%～0.3%的硼砂、尿素的混合液，或氮、磷、钾复合肥溶液进行叶面喷施，立秋后可用0.5%磷酸二氢钾施肥，促进幼苗木质化，增强抗寒能力。要经常除草、松土并做好病虫害防治。

2. 苗期修剪

苗期修剪与硬枝扦插移栽苗的苗期修剪相同，可参见第五章第七节。

3. 苗木防冻措施

油橄榄在幼苗生长期间，组织柔嫩，容易遭受低温的危害。因此，到秋季要提早停水，适当施磷、钾肥，促进枝条木质化，增强抗寒能力。入冬后应灌冻水，增施草木灰，进行培土，或在苗间撒上一些稻草等。尤其是北亚热带地区的冻害严重，应加强防冻措施，可以根据当地条件选择设立风障、夜间盖膜、增设拱棚、盖草帘等措施防寒。有的地方给苗木喷洒等量式或倍量式的波尔多液也有防寒防霜的效果。

三、扦插育苗的配套设备

由于油橄榄的硬枝扦插是在秋后进行的，需要经过漫长的低温季节。为了确保插床的生根温度和提高生根率，需要采用增温设备，如电热温床或水暖温床等。油橄榄的嫩枝扦插多在温暖的春、夏两季，为了进行工厂化育苗和提高苗木成活率，喷雾设备和育苗容器都是必要的配套设备。常见的设备如全光喷雾育苗系统和营养钵、塑料盘、泥炭块以及新近推广的轻基质无纺纸容器等。现将这些扦插育苗的配套设备分别介绍如下。

（一）全光喷雾系统

该装置近十多年来已在全国推广应用。该系统与长方形插床喷雾系统的主要原理和主要水、电路构造基本相同，主要的区别是回形插床的喷雾系统是有一定直径范围的旋转式喷雾装置，用喷出雾状水流的反冲力推动整个喷水管自动围绕中心轴旋转喷雾，雾状均匀，整床无死角，效果很好。

（二）电热温床育苗设备

苗床应设在背风向阳、地势较高和水电使用方便的地方。通常苗床长 3 ~6 米，并可随育苗数量和电热线功率而变化；苗床通常宽 2 米，高 0.4 米，苗床四周用砖砌墙，床体最下层留有排水孔，床内的下层铺 10 厘米的小石子，中层铺 15 厘米的煤渣，上层按每平方米苗床 70 ~100 瓦的功率标准铺设电热线、塑料绸纱布，再铺 15 厘米厚的珍珠岩作为基质。最后安装喷雾设备并搭建拱棚和遮荫设备。

电热温床一般用于冬季扦插育苗。温床应建在塑料大棚或温室内，如建在露地，则需搭建塑料拱棚以便保温，为了控制光照，上方还需搭建遮荫棚。拱棚和遮荫棚的搭建方法可参见本章第二节二、嫩枝扦插部分。

（三）水暖温床育苗设备

水暖温床也是适用于冬季插条育苗的一种保温苗床。苗床应设在阳光充足、地势较高、具备水电条件的地方。床长 40 米，宽 2.4 米，高 0.4 米，床的四周用砖砌墙，床墙最下层留有排水孔。床内下层铺 10 厘米的小石子，中层铺 10 厘米的煤渣，上层铺水暖管道。管道上再铺塑料绸纱布和 20 厘米厚的珍珠岩或炭化稻壳作扦插基质。根据生产需要，可并排建立多个同样的苗床。

四、育苗容器

用来盛装扦插基质和培养插穗生根苗的器具称为扦插容器。扦插容器应具有搬运方便、利于长途运输、保护根系不受伤害、移栽成活率高等优点。育苗容器多种多样，分别简单介绍如下。

1. 塑料盆

由硬质塑料制成，形状多样，颜色各异，底部有排水孔。其优点是重量轻，可重复使用，能相互套在一起，存放方便，可培育大型苗木。也有用聚乙烯制造的，质地更柔韧而坚固。塑料盆，一般高为 8 ~15 厘米，直径为 10 ~20 厘米，上口大底小，盆状，可整齐地排放在喷雾插床上。

2. 塑料盘

采用硬质塑料压模制作而成。多为长方形，一般长 50 厘米、宽 35 厘米、高 6 ~15 厘米，底部有排水孔，可重叠在一起，平时分离搬运使用方便，可随意挪移地点。盘内装有基质，苗木扦插于其上，然后摆放在喷雾沙床上育苗。有的塑料盘制作成许多方格状的浅盘，又称“穴盘”，在小方格内扦插育苗。搬运时用木板托住再移动，可进行远距离运输，并且移栽方便。

3. 营养钵

用软塑料压模而成，颜色多为黑色，形状似圆锥体，底部留有排水孔。

大小应根据插穗情况而定。应用在全光喷雾条件下的营养钵，一般上口直径为 8 ~10 厘米，底径为 6 ~8 厘米，钵高 8 ~10 厘米。如培育大型苗木，可相应地采用大型号的营养钵。营养钵可多年重复使用。应注意消毒灭菌。用营养钵育苗，搬运方便，利于运输和市场销售。

上述育苗容器，其扦插基质应根据材料来源就地取材，如河沙、锯末、棉籽壳、稻壳、粉碎秸秆、炉灰渣、泥炭土、蛭石、珍珠岩等都可做扦插基质。肥料可采用磷酸二氢钾、硼砂、尿素、石灰、膨化鸡粪等。

4. 纤维盆

采用泥炭土加木纤维再加上肥料压制成形，制成圆形或方形，直径为5～10厘米。方形盆常以6只或12只连在一起组成一组。这种盆是干的，可以长期保存，使用后能被生物分解，所以在短期内培育的生根苗，可连同容器一起移栽到苗圃地，可保证移栽苗的成活。

5. 泥炭块

采用泥炭加入矿物质养料和纸浆液经高压制成。大小应根据插穗情况而定，多数直径在7厘米左右。另一种是将泥炭加入矿物质养料后，包在塑料网内，再经高压制成。该容器加水后可涨到原来尺寸，并且变软，然后将插穗插入块内，扦插生根后与泥炭块形成一体。这种块状体不仅可代替钵，也能代替营养土，是新型的育苗容器。

6. 轻基质无纺纸容器

该容器用珍珠岩、草炭土、植物秸秆（经粉碎）等，拌入适量矿质混合肥，经过粉碎、发酵、干燥、装袋等工序而制成。该容器呈圆柱状，直径4～4.5厘米，长达30米，是由网袋容器成型机经过加工制造的产品。因其网袋以无纺纸为原料，故称为轻质无纺纸容器。其优点是结构疏松质轻，透气、透水、透根。此种容器苗在露地可一年内不破散，移栽时连同容器埋入土壤，移栽成活率高，幼苗生长快，根可以横穿出容器，无纺纸也可在土内降解。此项育苗技术目前在迅速推广，北京大东流苗圃、中国林业科学研究院雾插育苗示范基地等单位已大量使用。

第三节 油橄榄嫁接育苗

油橄榄嫁接是油橄榄无性繁殖的一种方法。它与插条相比具有很多优点，但因工序复杂、技术要求较高、育苗周期较长、经营成本较高等原因，生产上大量推广还受到一定限制。一般嫁接方法多在引种试验、繁殖不易生根品种和对大树恢复树势、更新品种时采用。

自从1964年我国大量引种油橄榄以来，云南、四川有关单位即寻找可供试用的乡土树种作砧木进行嫁接试验，先后试验的砧木有同属植物尖叶木犀榄、云南木犀榄、旱生云南木犀榄、腺叶木犀榄、尾叶木犀榄等5种和同科异属植物4种：女贞、小叶女贞、梣（通称白蜡树）、流苏树等4种。在上述供试砧木中，除腺叶木犀榄未接活外，其余种均能成活但后期不亲和，多在嫁接后几年内回枯死亡，仅有尖叶木犀榄一种嫁接成功，能使油橄榄正常生长发育并开花结实。1966年中国科学院昆明植物研究所元江引种站尖叶木犀榄嫁接成活以后，尖叶木犀榄已在云南、四川、广西、江西等地嫁接成功，在云南、四川已经用于生产性栽培。施宗明等系统总结了尖叶木犀榄做砧木对油橄榄发育及开花结实的影响，尖叶木犀榄做砧木具有种子出苗率高，嫁接繁殖容易，提早油橄榄开花结果年龄，增强油橄榄对酸性红壤的适应性，增强油橄榄对干旱环境和对某些病害的抗性等优点。此项研究成果曾获中国科学院科技进步三等奖。1979年联合国粮农组织（FAO）油橄榄考察组在我国考察后，已初步报道了我国“成功地进行了以尖叶木犀榄做砧木的嫁接试验，并取得了良好的效果”。我国学者也做出了评价，认为在我国中亚热带南部，“用我国的尖叶木犀榄做砧木是一个值得总结和推广的经验”。

第四节 其他无性繁殖方法

油橄榄无性繁殖方法很多，除上述外，还有根蘖、树瘤、埋条和高空压条等繁殖方法。对优良品种繁育和品种更新在特定条件下具有独特的应用价值，对橄榄园的发展起着重要作用。

一、高空压条方法

高空压条法简称高压法。在生长季节的5～8月，选取优良品种大树上直径0.2厘米以上的枝条，将其基部环剥1厘米左右宽，亦可随即涂上生根促进剂。在剥皮口下3～5厘米处倒扎上塑料薄膜，然后将塑料膜往上翻卷、理顺呈袋状盛入已经灭菌而且湿润的轻基质（青苔更好）。基质袋直径为10～15厘米，把上口绑扎且固定好。一般半个月开始生根，两个月大量生根，生根率高达90%以上。生根后即可截下栽植，容易成活成苗。此法因受条件限制不宜大量生产。

二、根蘖繁殖法

在母树根部周围萌发出不定芽，伸出地面，具自生根形成小植株，称为根蘖。把根蘖从母树上切挖下来，进行移植，称为分株。在分株过程中，要注意根蘖苗有较完好的根系，这样在移植后有利于幼苗的生长，成活率高。生长快，短时间内可以得到大苗，但产苗量很少。分株的时间多在春、秋两季，具体时间要依各地的气候条件而定。

三、根瘤繁殖法

在油橄榄树干与树根的交界处，因导管扭曲，致使树液流动减慢，大量的营养物质不能顺利通过，造成形成层处的养分过多，促使薄壁细胞增生而形成包状物——树瘤，通称营养包。树瘤内有休眠芽和根原基存在。丰富的营养又为生根发芽提供了物质条件。所以采用树瘤繁殖，方法简便，植株生长快而粗壮，但采用锯断方法取出树瘤，对母树损伤太重，一般限制采用这种方法。每株成年母树可以取下2～3个树瘤。对于比较大的树瘤，可直接种在果园或环境条件较差的地方。一般苗圃培育可选用较小的树瘤。在栽种前，要用多菌灵600～800倍液进行消毒灭菌处理，并注意避免树瘤失水，可用牛粪加黏土混合物打浆，进行沙藏或盖草保湿。

四、埋条繁殖法

在冬末春初时，采用生长健壮的较粗枝条，去掉叶片，剪取直径为 3 ~ 5 厘米，长为 25 ~ 50 厘米的枝段。将枝段平埋在沟内，覆土深度是枝段粗的 1 ~ 2 倍，土质最好是疏松的砂壤土，并保持湿润。须根是在发出新芽的底部长出来，这样在移栽时可不带原来的老枝段。

采用更粗的枝条，剪取直径为 6 ~ 12 厘米，长为 3 米的枝段，在枝段的顶部 20 ~ 30 厘米处留带叶的侧枝，其他部位的枝叶全部剪除。修剪后将基部用 100ppm（毫克/千克）的 1 号生根粉溶液，浸泡 24 小时。于冬末时期，将枝条基部朝下，垂直埋条于地下，深度为 1 米。地上部分用土堆成圆锥形，顶部堆土直达有枝叶处，土堆下部挖个洞口，用来灌水保湿之用。待下年春末再去掉土堆。此法可直接培育大树苗，有利于母树更新。

五、组织培养育苗

我国虽然掌握了油橄榄扦插繁殖育苗技术和以尖叶木犀榄为砧木的嫁接繁殖技术，但在繁殖材料来源不充足的条件下，短期内繁育大量苗木困难很大。扦插育苗技术虽已成熟，但设备仍然十分落后，目前仍用土温床扦插繁殖苗木，对一些生根困难的优质品种，土法繁殖难以生根。如能实现微繁或组培育苗，这些问题就很容易得到解决。

包慈华等 1979 年利用油橄榄茎尖培养成了完整植株。所用材料是经种子消毒处理后，剥制离体胚培养得到的无菌苗，从无菌苗上切取无菌芽，接种到固体培养基上，置于 26 ± 2℃ 恒温下培养，白天用日光灯辅助照光 9 ~ 10 小时。培养基采用 White 基本培养基，附加 6 – 卞氨基嘌呤（BA）、萘乙酸（NAA）、椰乳（CM）、吲哚乙酸（IAA）等不同配比组成 26 种培养基。经过试验，其中 18 种不同培养基，能诱导茎尖不同程度地生长。在培养基中必须既含有生长素，又含有细胞分裂素，茎叶才能发生。在培养试验中，生长素的种类和浓度，在油橄榄茎尖培养时，对茎叶的发生有影响。结果在 White 附加 BA 2 毫克/千克及 NAA 0.01 毫克/千克培养基上，成苗率达 78.5%。

第五章　油橄榄集约栽培

第一节　油橄榄集约栽培的特点

集约栽培，就是集栽培管理的一切高新技术和管理手段，达到早产、高产、稳产、优质和降低成本、提高效益的一种栽培管理方法。油橄榄集约栽培，是近年来国外采用的一项最新栽培技术。其特点如下。

一、园地适宜化

栽植油橄榄的园地，要选择立地条件最适宜，生产潜力最高的区域或地块建园。

二、品种优良化

油橄榄品种区域性特征明显，要选择最适应当地生态环境和条件的品种栽植。

三、栽培矮密化

油橄榄为高大乔木果树，只有采用矮化密植的栽培方式，才能尽早地充分利用土地和光能，为早产、高产、稳产、优质和机械化作业（如修剪和采果）创造条件。

四、排灌水利化

油橄榄尽管耐旱，但非本身特性所要求，只是在相对干旱的情况下可以生长，如果水分条件适宜，则会生长结果更好。油橄榄也最怕积水，不耐水涝。在积水时间较长的情况下，会引起根系腐烂，甚至全株死亡。实现排灌水利化。才能使油橄榄生长发育良好。

五、管理机械化

为了提高劳动效率，降低生产成本，油橄榄园地管理和树体管理必须实行机械化和微机化管理（如电脑操作灌溉和施肥等项作业)。

六、肥药使用科学化

油橄榄产量高低、果实质量优劣与树体营养状况和病虫危害有直接的关系。因此科学施肥和病虫防治，对提高产量、质量会产生重要的作用。施肥要根据土壤养分含量和树体营养状况科学施用；病虫防治，要根据病虫种类和危害程度科学防治，从而达到树体生长健壮、高产优质的目的。

根据西班牙的试验结果表明，采用集约栽培的油橄榄园要比传统栽培的油橄榄园的产量提高5~7倍。目前，集约技术正在一些国家和地区广泛推广，中国的油橄榄栽培应向集约化方向发展。

第二节　油橄榄园地的选择及规划

油橄榄是多年生、长寿命的果树，一经栽植就要经历长期经营，如果园地选择不当，规划不周，不但会给栽培管理造成麻烦，而且还会造成很大的经济损失，再要改造困难更大。所以，油橄榄选址建园属基本建设范畴，要做到周密筹划，一劳永逸。国外油橄榄种植者极为重视园地选择与规划。具体应从以下几个方面进行选择。

一、气候条件的选择

油橄榄对温度条件的要求随着生长发育阶段的不同而有所不同。它适宜生长的平均温度为15~20℃，最佳生长温度是18~24℃，当气温在9~10℃、土温在14℃左右时开始生长，气温在

8℃以下时停止生长。油橄榄在11月至翌年1月是花芽分化期，要求一定的低温，但不能有冻害。如在云南元江县试种的油橄榄枝叶茂盛，但不能开花。又如四川省攀枝花只有在当年有0℃以下温度时才能开花结实。油橄榄全年生长发育所需要的年有效积温（≥10℃以上）应在3 500～4 000℃以上。年日照时数应在1 500小时以上。年日照低于1 000小时，则生长不良，结果少，含油率低。

油橄榄耐寒性差，耐高温的能力较强，耐寒能力与品种有关，同时也与低温绝对值及低温持续的时间长短有关。一般品种在－5℃的低温下，持续8～10天其嫩枝、嫩叶会发生冻害。在－7℃左右低温下，持续8～10天，嫩枝、嫩叶和1、2年生枝条可发生冻害，叶片枯黄脱落，枝条皮层破裂。在某些情况下的骤然降温，造成温差过大，即使气温比植株能耐的低温还高，植株也能发生冻害，这种情况在春季树液流动后最容易出现。

油橄榄在年降水量400～1 200毫米的地区均能正常生长。在年降水量600毫米以下的地区，只要有灌溉条件，也可种植。在年降水量800毫米以上的地区种植油橄榄，要做好排水工作。不论降水多少，都会出现降水不匀的干旱季节，遇到此类情况，要根据油橄榄生长发育阶段对水分的需求，及时做好灌溉工作。

了解油橄榄生长发育所需的温度、水分等气候条件对我们科学合理地选择油橄榄种植区域很有帮助。同时可保证不至于造成违背自然规律的现象。

二、地形、地势和坡向的选择

1. 油橄榄最适合于坡地种植。因为坡地排水通气性能良好，日照及受热条件也较好，但坡度一般不宜超过25°；在土层深厚、肥沃、背风向阳的适宜地区，也可以在25°～35°的山坡上种植，但最大坡度不能超过35°，因为坡度太陡会给以后的管理工作增加困难。

2. 油橄榄是强喜光树种，陡坡峡谷不宜种植。陡坡峡谷，一般年日照时数减少，这对油橄榄的生长发育和开花结果是很不利的。如果需要种植，也一定要选择向阳的南坡，以东南坡和西南坡为好。

3. 油橄榄既怕涝又怕湿，严禁在湖边低洼地带种植。确需在湖（河）边栽植时，其地表平面要高于湖（河）边 15 米以上。平地种植油橄榄树，也要切记采取相应的排水沟渠设施，保证排水良好。

4. 种植油橄榄要慎重选择土壤，对质地黏重、酸性较大的一定要先改良后种植。种植土壤应选择土层深厚、肥沃、疏松透气，含钙量较高，排水良好、pH 值在 7～8 之间的中性至微碱性砂质土壤。改良的办法是加砂、加石灰、施农家肥和种草。

5. 栽植前对确定的栽植地应修成梯田，以防止水土流失。修梯田时，生土筑坎填坑，熟土还原覆盖后全面进行深翻，深度一般为 30～40 厘米。全面整地后按斜距改平后的水平距离开挖植树坑，株距 4 米，行距 5 米，植树坑挖成圆形，坑深 1.2 米，底部直径 1 米，掏尽坑边和坑底所有的大石块，每亩挖 33 个。植树坑一定要挖在离堡坎边 1 米，距堡坎下 1 米的地方。严禁在堡坎下或堡坎边挖坑栽树。

6. 坑挖回填要领。坑挖好后，先在坑底垫 30 厘米无大石块的表层熟土；熟土上垫 15～20 千克草（稻草、苞包谷草、野杂草均可）；草上垫农家肥 30 千克加磷肥 1 千克搅拌均匀；坑的上半部分用表层熟土加石灰 1 千克加磷肥 0.5 千克充分拌匀后填满植树坑，并高出地面 30～40 厘米砌成圆形窝盘，然后对坑浇水踏实；并用一个木棍插在植树坑的正中心点作为标记，以便栽树时寻找位置。

7. 整地、挖坑、填坑工作应在前一年的秋冬季做好，最迟也要在栽树前 15 天完成。严禁不整地、不挖坑、填坑就栽树。

三、土质、水源和交通的选择

油橄榄性喜土层深厚，通气透水性能较好的中性偏碱的壤土或砂壤土。最怕黏重土壤和过酸过碱的土壤。在各种土壤特性中，土壤物理性质甚至比土壤肥力更重要，因为它可决定油橄榄生长发育的好坏。在黏重而肥力较高的土壤上种植油橄榄，还不如在疏松有石砾而肥力稍低的山坡上生长得好。

油橄榄虽然是一个耐旱树种，但这并不是它本身特性所要求的条件。在生长发育的不同时期，油橄榄对水分要求有所不同，为了达到生长发育正常和高产、稳产，必须在旱季进行灌溉。理想的油橄榄林地，要有充足的水源和灌溉设施，保证旱季能够及时灌溉。

油橄榄是用鲜果榨油，果实采收后运输、贮藏时间长短直接关系到油品质量。因此，园地一定要选择在交通方便的地方。这样才有利于管理和果实运输与及时加工，减少损失，提高效益。

第三节 油橄榄种植园的整地

土壤是油橄榄生长发育的基础，只有良好的土壤结构和充足的土壤肥力，才能使油橄榄生长旺盛，提早开花结实，丰产稳产。栽前整地就是人为创造适宜油橄榄生长的土壤条件，满足油橄榄生长对土壤的需求。栽前整地一般有全垦、带垦、穴垦 3 种方式，也包括栽植坑穴（槽）的开挖、回填。

一、园地垦复

规划栽植油橄榄的园地，应在栽植前一年对园地进行全面垦复。平地或缓坡地应进行全垦。不论是荒地、熟地、林地或果园，栽植前都应挖掉杂灌树木，清除残桩残物，全面深翻土壤。深度可根据土壤和杂草分布状况决定，一般为 30 ~ 40 厘米。深翻最好能同土地平整和土壤改良结合进行。地面不平的可用推土机先推平或用挖高垫低的办法使地面达到平整，然后再进行深翻。

这样有利于后来耕作和灌水、排水。土壤偏酸的，可按不同的情况施用石灰，改变土壤酸碱度。土壤黏重的，可通过掺砂或施用有机肥的方法改善土壤结构。坡度超过 20°的山坡地，可进行带垦或穴垦。有条件的地方，应尽量沿等高线修建成梯田。并开挖好蓄水、排水沟渠，防止水土流失或排水不畅而引起坍塌。

为防止青枯病，对种过茄科蔬菜的园地，应在油橄榄栽植前 1～2 年先改种豆类或其他粮食作物，待土壤内青枯病菌消失后再栽植油橄榄。

二、开挖定植穴槽及回填

在全面整地的基础上，应按规划栽植的行株距做好定植穴（坑）槽的开挖回填工作。栽植方式一般有穴式坑栽和槽式坑栽 2 种。穴式坑栽就是在栽植点挖一定宽度、深度的坑，并填入肥土再进行栽植。槽式坑栽就是以栽植行为中心，按一定的宽度和深度挖槽并回填肥土后栽植。土壤黏重板结的平地，应以槽式坑栽为宜。槽的宽度 1～1.2 米，深度 1 米。土质疏松的砂壤地，挖槽深度可略浅一些，一般应达到 80 厘米左右。槽式坑栽，挖槽比较费工，但它打破了株间的板结隔层，免除了栽植以后的扩盘工序，提高了土壤通透性能，有利于油橄榄生长发育。坡地栽植，一般以穴式坑栽为主。以定植点为中心，挖宽 1 米，深 1 米的定植坑，并施入底肥回填表土后栽植。回填时在坑的下沿筑一个略高于上沿的土埂，便于积蓄水分和防止水土流失。这种穴坑也叫鱼鳞坑。穴式坑栽，挖坑简便，比较省工。但栽植后根系延伸会受到影响，特别是黏重板结透水性差的土壤，降雨大时会形成坑内积水，影响根系生长，还会造成根系窒息死亡。因此每年结合施肥需要深挖扩盘（即扩大栽植穴的范围）。

不论穴坑或槽坑，在挖穴槽时应将上部表土放在一边，下部生土放在另一边。这样便于用表层熟土回填。使下部生土继续熟化，有利于增加根际层土壤养分。挖穴槽应达到宽窄一致，上下一致。防止上宽下窄，上大下小的锅底形穴槽，否则不利于根系向下伸长。

回填坑槽要与改土和施用基肥结合进行。一般在挖好的坑槽下部放入 30 厘米左右的秸秆或杂草，有利于透水、透气和改土。中层填入 40 厘米左右表土与有机肥或磷钾肥混合的肥土，如黏重土壤也可掺入部分沙子。酸性土壤同时加入部分石灰。上部回填 30~40 厘米左右的表层细土。回填以后的坑槽应略高出地面 10~20 厘米。坑槽经灌水下沉后正好与地面相平，不至于因坑槽下沉后造成栽植过深。这种栽植也叫做深坑浅栽。这样回填的坑槽，栽植时根系都在熟土层，不与肥料接触，不会产生肥害。随着幼树根系下伸生长，可以吸收到下部充足的养分，能促进幼树旺盛生长并提早结果。

第四节 油橄榄种植园品种选择及授粉树配置

建立现代集约型油橄榄园时，不论林地规模大小，都应选择几个适应地区自然条件的高产优质品种作为主栽品种。同时应配置适宜的授粉品种，才能达到建立丰产、稳产、优质橄榄园的目的。

一、主栽品种与授粉品种的选择

不同品种油橄榄的形态特征差异很大。生物学特性、生态要求、抗逆性和产品质量也不尽相同。特别是从小区域范围选培出来的品种，对环境条件的反应更加敏感。因此，新建橄榄园时，应对立地的气候、土壤、地形等因子详细了解，根据掌握到的资料，不论建园规模的大小，结合建园目的，选择适应该区自然特点和条件的优良品种作为主栽品种，防止搞单一品种林地或搞多品种混栽。如果建园规模大（百亩以上），橄榄园还要选择早、中、晚熟品种，油用品种，果用品种，高干与矮干品种配套种植，这样有利于分期采收、加工和综合利用。选择好主栽品种后，要选定与主栽品种相适应的授粉品种。

二、授粉品种应具备的条件

选择授粉树必须考虑品种特性、栽培的环境条件和管理技术，以便形成高质量的花粉和授粉亲和力高的结构。对授粉树的具体要求如下。

（1）能与主栽品种同时开花或至少花期重叠期不低于50%，花粉多而发芽力强，授粉亲和力大，并能相互授粉。

（2）适应种植区的自然环境与气候条件；与主栽品种同时进入结果期，且寿命长短相近，每年都能开花。

（3）与主栽品种没有杂交不孕现象，并且能产生经济价值较高的果实。

（4）授粉品种最好是栽培品种，并与主栽品种能相互授粉结实，成熟期相同或先后衔接；丰产性、优质性较好。

三、授粉树配置技术

1. 配置比例

油橄榄授粉树的配置，一般采取以下2种配置比例。

（1）主栽品种占80%，授粉品种占20%。这种配置是在几个主栽品种不能互相授粉或授粉坐果率低的情况下，广泛采用的一种配置比例。

（2）主栽品种和授粉品种各占50%，这是主栽品种与授粉品种相互可育，且经济价值相同时采用的一种配置比例。

2. 配置方式

油橄榄的授粉主要依靠风做为媒介。据试验证明，油橄榄花粉传播距离最远可达数百米，但有效授粉距离一般在30～50米左右。授粉配置的方式以隔行栽植或点状混栽为宜。授粉品种和被授粉品种之间距离愈近，授粉条件愈好。因天气、地形不同，授粉的配置方式也有所不同。一般有以下3种配置方式。

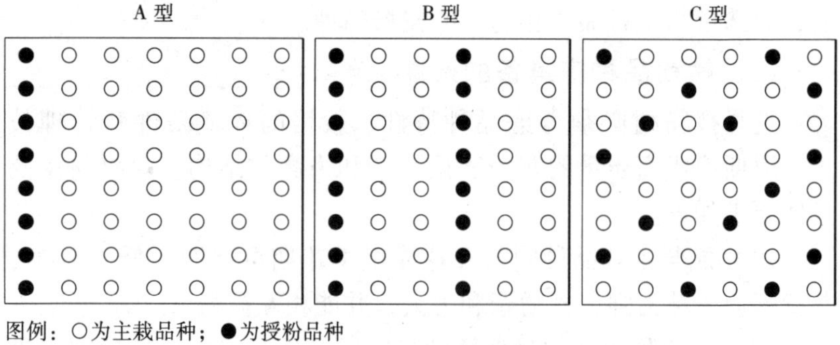

A型　　B型　　C型

图例：○为主栽品种；●为授粉品种

图3　油橄榄授粉配置方式示意

花期内少风或无风的地区，授粉树与授粉树之间的间隔行数可以少些。花期内有风和主栽品种互相可以授粉的油橄榄园，授粉树之间可以间隔行数多一些。梯田坡地，可按行向每间隔3～4行栽植1行授粉品种。平地可每间隔2～3行栽植1行授粉品种。

已建成的油橄榄园，如需引进授粉品种，可按一定配置方式，采用高接换种的方法，全株嫁接成授粉品种，也可采用在树上改接一个主枝的方法插进授粉品种。树枝改接授粉品种最好接在上部枝条上，这样有利于花粉飞扬传播，提高授粉和坐果率。

第五节　油橄榄的栽植技术

建园栽植是油橄榄成林的基础。栽植成活率的高低和栽后生长结实的好坏，与栽植技术有直接关系。包括栽植时间、栽植密度、栽植方法、栽后管理等在内的一系列技术问题，每一个环节都不得马虎。否则，就会事倍功半或前功尽弃。这里就栽植技术分述如下。

一、栽植时期

油橄榄栽植的最佳时间为每年的春季或秋季。春季栽植，应在土壤解冻、苗木发芽前或刚开始萌动时栽植较好。各地春季气温回升和油橄榄萌芽的时期有所差异，春栽的时间也有所不同。南方较早，北方较晚。一般春栽在每年的3月上旬至4月中旬较为适宜。冬季土壤冻结的地区，春季栽植较为适宜。秋季栽植适宜于我国南方冬季气温偏高的地区。栽植时间一般在苗木停止生长前的10月中旬至11月下旬。这段时间气温、地温比较高，栽植后受损的根系可以产生愈伤组织，形成新根，有利于翌年生长。营养钵育苗或带土团的苗木，除春、秋栽植外也可在5~6月栽植。

二、栽植方法

（一）苗木准备

栽植前应对苗木进行严格选择，剔除病虫苗、弱小苗和伤根断枝苗，对合格苗按品种进行分级、分等，挂牌标记。同时，应按栽植规划做好苗木分配，防止因栽植而造成品种混乱。当地培育的苗木应做到随挖随栽，防止起苗后因搁置时间过长而影响成活。外地购进的远途运输苗，运到后要检查运输途中有无失水烧苗和损伤现象，并对苗木按品种分级并妥善保管，防止丢失、损伤和失水。为了林相整齐和便于后期管理，同一地块栽植的苗木，应大小一致，高矮一致，千万不能大苗小苗混栽。

（二）栽植方式

油橄榄栽植一般有正方形、长方形和三角形（也叫梅花形）3种栽植方式。

1. 正方形栽植

一般用于株行距相同的对位栽植。这种栽植便于管理，利于间种，通风透光较好。但树冠容易相接。

2. 长方形栽植

一般用于行距大株距小的对位栽植。在坡地栽植时长边应与等高线平行。这种栽植也有利于管理和间种，通风透光较好。

3. 三角形栽植

一般用于株行距相同的错位栽植。两相邻行，株与株不在一个位置，呈三角形排列。这种栽植多用于坡地，能充分利用土地和光能，通风透光较好，树冠不易相接，有利于水土保持。但耕作管理和间种不太方便。

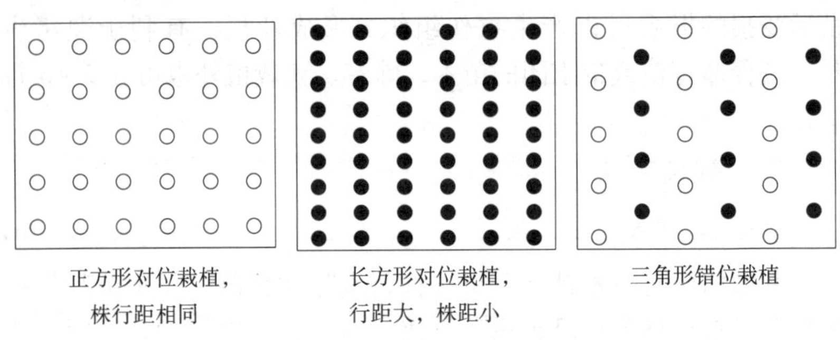

图 4　栽植方式示意

（三）栽植方法

在整好的定植穴槽内栽植油橄榄树苗时，首先应按预定的株行距和栽植方式确定栽植点。然后以栽植点为中心，挖定植坑。定植坑的大小以略大于苗木根系为宜，定植坑的深浅要与原来苗木入土深度或营养钵的高度相一政。自根苗根系较浅，可适当深栽。嫁接苗主根较深，可适当浅栽，并将嫁接口露出地面。裸根苗（根系不带土的苗木）栽植时，应边填土边用手提动苗木，使根系舒展，不至于弯曲成团或根尖向上，使土壤与根系密切结合。栽植营养钵苗或带土团的苗木时，应边填土边压紧，覆土厚度到根颈处为止。栽植总体深度应使原来苗木入土部位与地面相平。考虑到坑穴下沉，苗木入土部分应高出地面 10 ~ 20 厘米。坑穴下沉后栽植的苗入土仍保持与地面相平位置。栽后应在树苗周围培一个圆形土盘。苗干周围稍高，向外渐低，盘边又稍高。这样有利于灌水施肥。

定植后应立即灌足定根水。为了防止跑墒和树盘板结，待水渗干后可在树盘内覆盖一层木屑或谷草。也可用地膜或塑料膜覆盖。这样有利于保墒和提高地温，并促进根系愈合生长，提高成活率。定植结束后，应立一单杆支架或门框式支架，用绳将苗干固定在支架上，以免倒伏或被风吹断。

三、栽植密度

（一）确定栽植密度的依据

油橄榄栽植密度，直接关系着产量和果实质量。在一定环境条件下，合理密植能有效利用土地和光能，增加叶面积，提高单位面积产量和果实质量。但并非越密越好，密度过大，反而会造成通风不良，光照不足，下部枝条干枯，结果部位外移，产量、质量下降，管理不便，费工费时等。栽植密度的确定，要依据以下原则。

（1）根据不同种植区的立地条件如土壤、地形、气候等确定。光照条件充足的向阳坡地可适当密些。光照条件差的平地和阴坡可适当稀些。

（2）根据不同品种在盛果期的树冠大小来确定。树冠窄矮的适当密些，树冠高大、宽阔的可适当稀些。

（3）根据栽培目的确定。若考虑前期密植丰产，后期回缩修剪或通过移植砍留调整密度，可栽植密些。

（二）常用栽植密度

1. 传统性栽植密度

在油橄榄起源和大规模生产的地中海沿岸各国，过去都用传统的稀植粗放管理方式栽植，株行距多为8米×8米、10米×10米或12米×12米，每公顷75～150株（每亩5～10株）。有的甚至更稀。这种栽植方式下生长的油橄榄苗木树冠大，通风透光好，单株产量高，果实质量好，管理省工，但单位面积产量低，土地和光能浪费严重，经济效益差。但这些地区，劳动力价格昂贵，采用稀植粗放管理可节省费用，成本较低。

2. 现代化栽培密度

随着油橄榄园艺化、集约化栽培的推进，现代集约型油橄榄园都采用了合理的栽植密度。经试验和选择，在多数国家和地区，一般采用 6 米 ×6 米或 5 米 ×6 米的株行距，也有 4 米 ×4 米，5 米 ×5 米或 4 米 ×6 米，4 米 ×5 米的。每公顷栽植株数比传统密度增加了 1 ~3 倍。我国在 20 世纪 60 年代开始引种油橄榄时，栽植密度多为 8 米 ×8 米，或 10 米 ×10 米，每亩 7 ~ 10 株。在 20 世纪 70 年代之后，栽植密度多为 5 米 ×5 米或 6 米 ×6 米，也有 4 米 ×6 米或 5 米 ×6 米株行距的。这个密度在合理修剪情况下，到达盛果期时树冠基本相接，全园郁闭。有利于充分利用土地和光能，也能提高单位面积产量和种植效益。

3. 变动式栽植密度

变动式栽植密度是适应前期高产、高效的一种最新栽植方法。这种栽植，将株距缩小 1/2，行距不变。使单位面积内栽植株数增加 1 倍。例如计划 5 米 ×6 米的株行距，每亩应栽植 22 株，如将此株行距变为 5 米 ×3 米，每亩栽植 44 株。前期结几年果之后，当树冠相接时，通过重修剪回缩临时加密株，保证固定永久株的树冠扩张。再收获几年果实后，将临时加密株迁移或砍掉。这种栽培方法，能弥补油橄榄园前期株数少、产量低、效益差的缺陷。进而达到提高前期产量及效益的目的。另外，临时株移植后，第二年即可结果，既扩大了油橄榄新园面积，又提早了结果期，是一举两得的大好事。目前许多地方正在试行这种栽培模式。

四、栽后管理

造林要以成活为目的。栽是基础，管理是关键。“三分栽，七分管”，这说明管护工作十分重要。为了提高造林成活和保存率，必须加强栽后管理工作。一般应做好以下几项管理工作。

（一）灌水

栽后如遇干旱，定植穴内表土发白，树叶萎蔫，则是缺水表现。这时应及时进行补灌。特别是在多风、干旱的春季栽植，补灌工作十分重要。

（二）查苗补苗

成活稳定后，要开展一次查苗补苗，对漏栽、死亡的苗木及时进行补栽。

（三）加强管护

不论造林面积大小，为防止人为损害或牲畜啃食、踩踏，栽植后应指定专人进行管护，发现问题及时解决。这样才能达到栽一片，成一片。

第六节　油橄榄生长发育阶段的林地管理

这里所讲的林地管理，是指油橄榄生长发育阶段的土壤管理、施肥、灌水、排水和林间间种等项管理技术。

一、土壤管理

土是植物生长的基础，是水分、养分供应的源泉。土壤结构和质地等物理性质，直接影响到土壤的保水、保肥能力和通气透水性能，也影响着土壤微生物活动和根系的生长。油橄榄园土壤管理，就是人为造就适宜油橄榄根系生长的土壤条件，提高土壤通气性和保水、保肥能力，使有机养分转化成有效养分，改善土壤养分状况，促进根系和树体正常生长。土壤管理是林地管理的重要环节。按林地状况，土壤管理又分为树冠下土壤管理和行间土壤管理两部分。

（一）树冠下土壤管理

树冠下土壤是油橄榄根系的着生地，它的结构和质地好坏，直接影响着油橄榄的生长发育。树冠下土壤，应经常保持疏松、透气、无杂草，以利于土壤微生物繁殖和有机质转化，促进根系生长。为此，一要做好中耕除草，特别在每年4~9月，气温高，降雨多，杂草萌生快，土壤易板结，中耕深度以浅为主，一般为5~10厘米左右。靠树干近的根系密集地带要浅些，靠树干远的地方可适当深些。确定深浅的原则，以不伤害根系为准。中耕次数应按实际情况而定，在天气干旱少雨、无杂草的情况下，可以少中耕；多雨、多草的情况下，可多中耕。中耕的操作，要以土壤疏松，无杂草为标准。中耕要坚持"有草必锄，雨后必锄，土壤板结必锄"的原则。中耕范围，以树冠为准。树冠外按行间土壤管理进行。通过中耕可切断土壤表层毛细管，有利于蓄水保墒，减少水分蒸发，防止杂草争水、争肥，也有利于改善土壤通透性能，促进根系和树体生长。二要做好培土工作。油橄榄为浅根树种，特别在黏重板结、通透性能差的地块种植油橄榄，根系有向地表生长的趋势。这种地块栽植的油橄榄，必须做好树穴周围的培土工作。使根系保持适当的入土深度，不至于露出地面。培土时间可在每年的春季或秋季进行。培土厚度可根据土壤类型和根系深浅而定。根系距地表越浅，培土应越厚。反之则薄。一般应保持根系在地表下20厘米左右为宜。培土范围以树冠为准，树冠内部靠近树干的地方略高一点，树冠周围可低一点。

（二）行间土壤管理

油橄榄多为大行距栽植，行间面积大，其行间土壤到植株生长后期才能被根系利用。前期行间土壤管理的主要任务是：培肥地力，增厚活土层，增加土壤有效养分，改善土壤理化性质，增强土壤通透性能。具体有以下2种管理办法。

1. 深翻改土，熟化土壤

油橄榄定植后，根据土质和气候情况，每年进行1次行间深翻，深度可达20~40厘米，深翻时间一般在春季或冬前均可。春季深翻的土壤，经过夏季高温，有利于土壤微生物的繁殖，对增加土壤有效养分，改善土壤结构有一定的好处。但夏季雨水多，容易滋生杂草，应做好中耕除草工作。冬前深翻的土壤，经过冬季冻垧，可以形成较好的土壤结构。深翻的土壤，空隙度大，有利于提高地温。对油橄榄的提早发芽生长有一定的好处。雨季明显的地区，深翻工作应在雨季过后进行，这样不至于因深翻空隙度大造成林地积水，影响深翻效果。

2. 生草间作，培肥地力

在国外，有在油橄榄行间采取生草法或间种作物提高土壤肥力的做法。生草法就是种植或保留油橄榄行间自然生长的草本植物，待生长旺盛期后，用割草机割掉，再用深耕机翻埋在20厘米以下土层。这种做法虽然要消耗一部分土壤养分，但它可以减少地面辐射热量，防止水土流失。杂草翻压后，有利于增加土壤有机质，提高土壤肥力，改善土壤结构。生草法管理简便，省工省时，成本费用低，其增加的土壤养分比自身消耗的多得多。在劳动力价格较高，间种其他作物效益低的情况下，选用生草法更为合算。

另外，也有在行间间种粮油作物和其他经济作物及种植绿肥的做法。间作能充分利用土地和光能，增加油橄榄园经济效益，但容易形成间种作物与油橄榄争夺水分、养分的矛盾。特别是种植高秆作物还会影响到油橄榄对光能的利用。

二、油橄榄的施肥

油橄榄是常绿油料树种，一年内生长结实需要消耗大量的养分，如不给予及时补充，必然影响到油橄榄的生长结实，甚至会造成树体过早衰亡。肥料是油橄榄的营养来源，也是它赖以生存和结果、丰产的保证。为了实现早结果、多结果和优质高效的目的，就必须每年进行施肥。

（一）营养状况与产量的关系

油橄榄原产地国家的研究结果表明，每公顷油橄榄每年生产结实需要消耗氮 17～33 千克，磷 8～22 千克，钾 20～50 千克，钙 20～50 千克。每生产 100 千克油橄榄果实，需要消耗氮 0.9 千克、磷 0.2 千克、钾 1 千克、钙 0.4 千克。油橄榄是喜氮树种，在它的生长发育过程中，需要大量氮素营养，因此，必须满足其需要，才会使它生长发育良好。当然还要十分注意树体营养平衡，要使各种矿质营养成分保持一定的相对比例，同时也要注意大量元素和微量元素之间的平衡。

油橄榄的施肥必须引起种植者的高度重视，特别在结果多的年份，应该施足肥料，充分满足树体营养消耗之所需。只有这样，才能保证在大年结果之后，有充足的养分供给新梢生长和花芽分化，为翌年丰产奠定物质和能量基础，克服大小年现象，实现高产、稳产、高效。

（二）施肥时间和方法

1. 油橄榄幼树施肥每年进行 2～3 次。施入肥料以有机肥为主，有机肥营养齐全，含氮、磷、钾、钙、硼，更重要的是可以改变土壤的物理结构，提高土壤的肥力，有机肥包括厩肥，圈肥、农家肥、杂草（草皮）等，也可施入磷肥、复合肥、二铵、尿素等化学肥料。

2. 施肥时间应在春季即 2 月下旬至 3 月底完成，可按树体大小施入尿素、复合肥、二铵。2 年生树每棵可施入尿素 150～250 克，二铵施入 350～500 克，或复合肥 500 克。

3. 冬季施肥宜在 11 月初至 12 月底进行，也可翌年 1～2 月进行，施肥以有机肥为主，也可按树大小施入二铵、磷肥、复合肥，2 年生树每株可施入二铵或复合肥 500～750 克，磷肥 3～5 千克，以杂草、草皮、表层土为主回填。

4. 施肥要求冬季以树冠投影面向外挖一环形沟，深 60 厘米，宽 60 厘米。春季追肥挖宽 40 厘米，深 30 厘米，施入肥料，然后覆盖杂草和表层土。春、冬季节如缺雨水，必须对树进行灌溉。

5. 施肥必须以树冠投影面向外挖一环形，挖沟时尽量不要伤树根，否则会造成肥料烧根，使树死亡。

三、灌水与排水

油橄榄虽然是耐旱树种，但并非愈旱愈好，如能供给充足的水分，它就生长更好，产量更高，果实质量和油品质量也会更好。

（一）灌溉

灌溉本来是值得提倡的增产措施，但人们习惯性地把油橄榄当作耐旱树种，而把因旱造成的落花、落果以及滞育等现象归之为遗传特性，忽视了灌溉的重要作用。有人在干旱地区做过试验，灌溉可使油橄榄提高产量48%～53%，含油率提高2%～13%，平均果重增加13%～25%。随着现代集约栽培的兴起，仍要依赖于自然降水是难以实现其集约经营的目的。因此，近些年来，把灌水列入提高产量的基本措施之一。方法上作了比较试验，归纳起来有4种方式。

地面灌溉 地势平坦，水源充足的地方，将水通过渠道或管道输送到橄榄园，进行沟灌和畦灌。

地下灌溉 在水源不足的地区，利用埋设在橄榄园的地下灌溉系统，将水输送到油橄榄根系层土中。

喷灌 利用水源，通过管道、喷头将水均匀地撒布在土壤表面。喷灌灌水均匀，节省水量，还能调节橄榄园的气候。

滴灌 通过滴头把水一滴一滴缓慢地滴入油橄榄根部土壤，借重力作用使水渗入根系区，使根系周围土壤保持最优含水状况。滴灌不仅省水，保湿效果显著，还可以将肥料溶液混入水中进行滴灌施肥。滴灌系统由三部分组成：枢纽管道、输水管道、滴头。枢纽管道包括水泵、过滤器和肥料罐。输水管道，使用20～100毫米管径的聚氯乙烯管。输水管一般埋设在地下20～30厘米，支管架设在地面，也有架离地面1.5～2米高的。支管进水端装有阀门或计水流量调节器。滴灌水由支管进入毛管后通过滴头滴灌。毛管由高密度聚氯乙烯制成，内径为10～20毫米。使用时有的放在地表，也有埋入根系密集层土壤中的。

（二）排水

分布在丘陵山区的橄榄园，一般不存在排水问题。只有那些地势平坦和平地新建橄榄园才需进行土壤排水。这类橄榄园建园时，应在园内修筑排水系统，排水分明沟排水和暗沟排水两种形式。明沟排水是把地上、土中的多余水量引入排水沟内排除。但是地面明沟开得太多，影响机械耕作。为了不影响机械耕作，可采用暗沟排水。暗沟是在土壤下层修筑管道，把土中多余水量引入管道中排出。

第七节 油橄榄的整形修剪

油橄榄的栽培，除土、肥、水、种等技术措施外，整形修剪也是栽培管理技术中的重要环节。种植油橄榄要想获得高产、稳产、优质、高效的结果，必须重视并搞好油橄榄树的整形修剪工作。

一、油橄榄整形修剪的时间与基本方法

（一）修剪时间

油橄榄树修剪的时间，可根据各地气候条件而定。一般分为冬季修剪和夏季修剪。冬季修剪又叫休眠期修剪。在采果后的冬季到翌年春季发芽前均可进行。冬季较冷的地区宜在翌年温度回升无霜冻发生的早春修剪较好（花芽分化前40天）。冬季温暖的地区，宜在冬季较早修剪为好。较早剪去无效枝条，可减少养分消耗，有利于花芽分化，增加完全花比例，提高坐果率和结果量。冬季修剪主要采用疏枝和短截的方法进行。夏季修剪又叫生长期修剪，是冬季修剪的补充和完善。主要通过抹芽、摘心、除梢、曲枝和开张角度等方法进行，疏除丛芽和过密枝条。同时对旺枝进行摘心除梢或扭曲，对角度小的主侧枝进行撑拉开张角度，使枝条达到分布有序，均衡生长，节约养分，保证营养供给，并使光照条件得到改善，有利于养分积累和花芽形成。夏季修剪比冬季修剪省工省时，还可减少冬季修剪的工作量。冬季修剪和夏季修剪相互结合，才能充分发挥修剪作用，达到修剪目的。

（二）修剪方法

油橄榄常用的修剪方法有疏枝（又叫疏剪）、短截、回缩（又叫缩剪）、调整枝条角度、刻伤、缓放几种形式。现分述如下。

1. 疏剪（疏枝）

把枝条从基部剪除称疏剪。它是油橄榄修剪中最常用的方法之

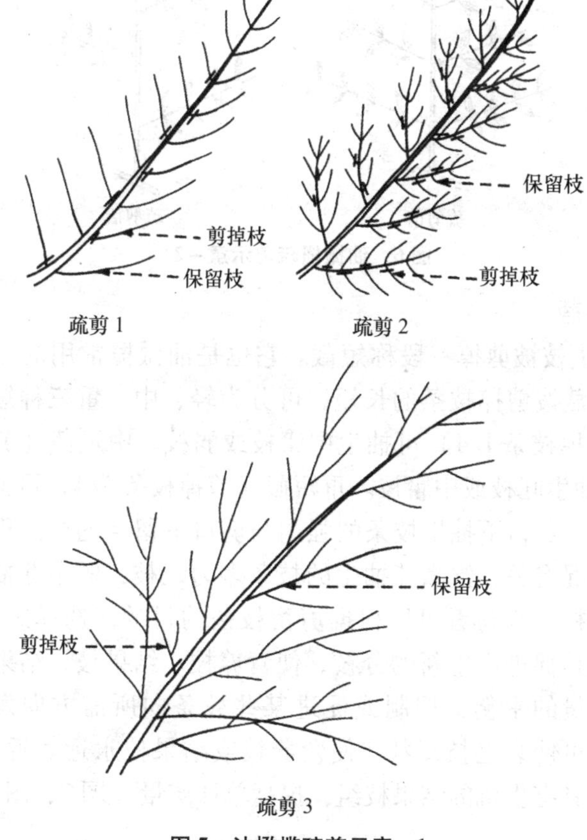

图5　油橄榄疏剪示意 -1

一。油橄榄苗木培育、幼树整形、结果树修剪、放任树改造、衰老树更新都需使用疏剪方法。疏剪主要是对过密枝、重叠枝、交叉枝、并生枝、无用徒长枝、病虫枝、衰老枝等进行剪除(图5,图6)。

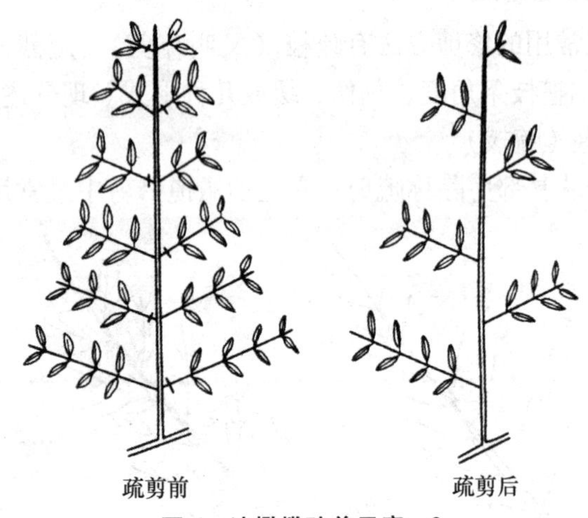

图6　油橄榄疏剪示意 -2

2. 短截

1年生枝被剪掉一段称短截。它也是油橄榄常用的一种修剪方法。短截按剪掉枝条的长短，可分为轻、中、重三种短截。轻短截（剪掉枝条1/4）可抽生中庸枝或弱枝。中短截（剪掉枝条1/2）可抽生旺枝或中庸枝。重短截（剪掉枝条3/4）可抽生中庸枝或弱枝。剪口下抽生枝条的强弱与剪口下留芽的饱满程度和枝条营养状况有关，饱满芽抽生的枝条多为旺枝，弱小芽抽生的枝条多为弱枝。修剪者可以根据剪留枝条的目的，选择短截强度。短截主要是促进产生新的分枝，使营养枝、结果枝、结果母枝保持一定数量的平衡，抑制或促进某些枝条向所需方向发展。同时，短截可使衰老枝复壮，使营养枝或结果枝永远靠近主侧枝，形成牢固具有生机的结果枝组，提高单株产量（图7，图8）。

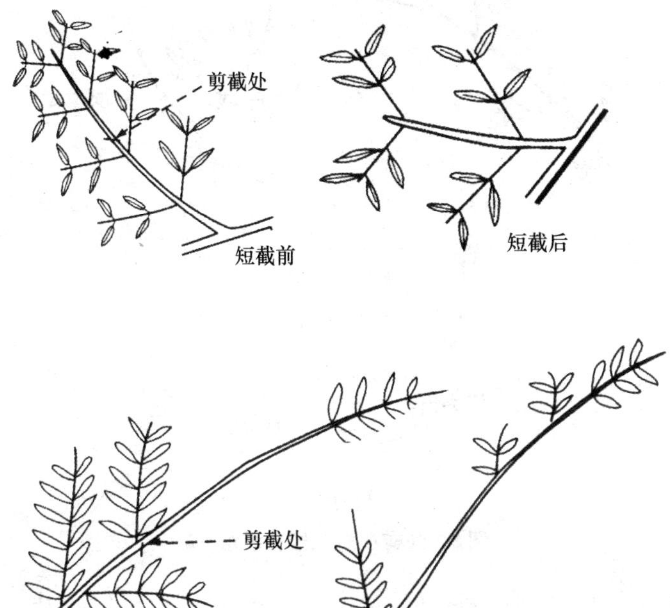

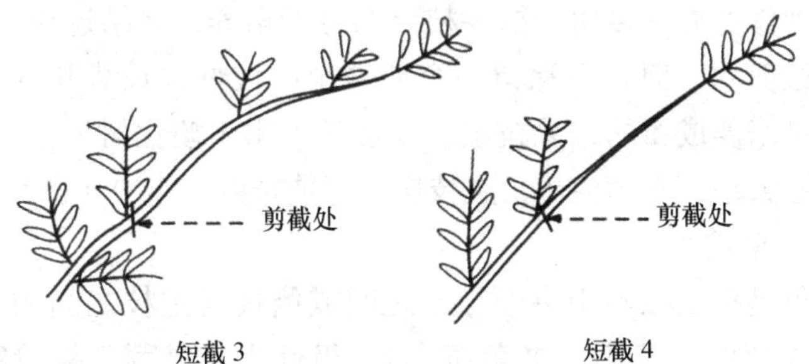

图 7　油橄榄短截修剪示意 -1

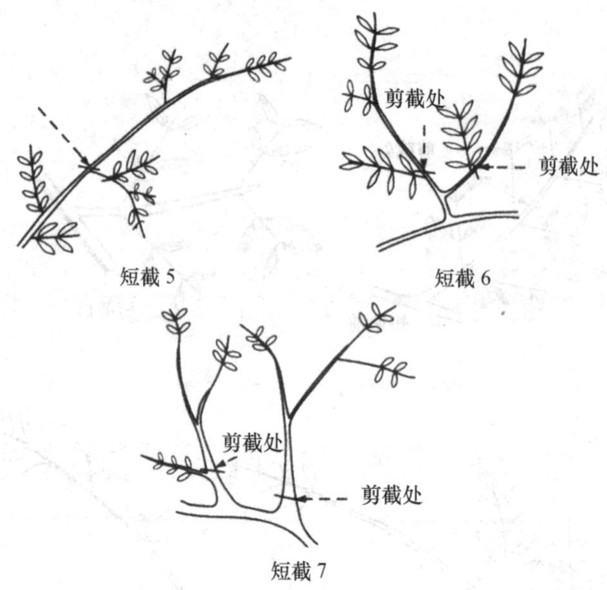

图 8 油橄榄短截修剪示意 –2

3. 回缩（缩剪）

在多年生枝的适当部位，选留一个健壮的侧枝，在选留枝的前端将原枝条剪（锯）掉，使枝条由长变短称回缩，又叫缩剪。回缩的作用主要是控制结果部位外移，促使萌发新的健壮结果枝。这种修剪方法多用于结果枝组的更新培养，将结过果的枝条前端弱枝剪除，剪口下保留一个或数个枝位好、长势旺的枝条，很快又可培养成新的结果枝组。此法还可用于矮化树形，控制树高及树冠大小，平衡树势，主枝换头等项修剪工作中（图 9）。

4. 调整枝角

枝角是指主枝与中央领导干之间或侧枝与主枝之间的夹角。主、侧枝倾斜度越小（夹角越小），极性生长越强，树冠窄小，易封顶，不利于培养侧枝，树冠内通风透光差，小枝和细弱枝多，产量低而不稳。主枝倾斜度大（夹角大），极性生长弱，树冠大，背上发枝多，长势旺。但主枝生长势弱，不易形成牢固而

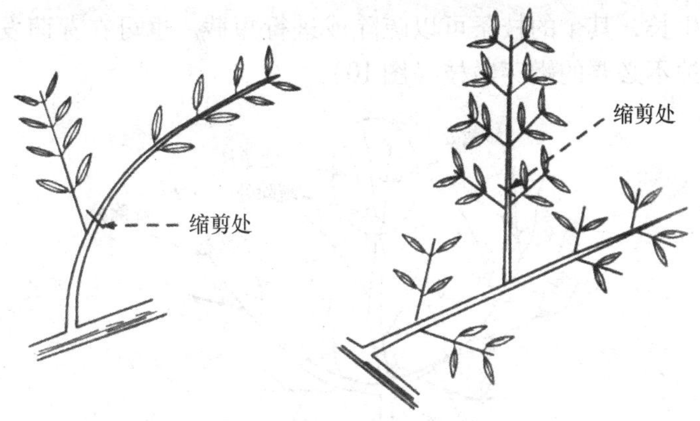

图 9　油橄榄回缩修剪

均衡的树冠骨架。针对过大、过小的枝角，可用拉枝、撑枝、吊枝、里芽外蹬、转枝换头等办法进行枝角调整。

5. 长放（缓放）

长放就是对枝条轻剪或不剪，任其自然生长。长放后枝条的生长势有所减弱，腋芽可萌发大量的中短枝或叶丛枝，有利于形成花芽，促使早结果。但长放后树势易减弱，枝条易衰老，在一株树上长放的枝条不宜太多。长放过的枝条第二年应进行短截或疏剪，不宜继续长放。

6. 刻伤

在芽或枝的上下方将皮层刺破叫刻伤。一般在芽上方刻伤，可使芽萌发成枝。在枝条下方刻伤，可减缓枝条生长，有利于花芽形成和提早结果。此法多在辅养枝或结果枝组上使用。

（三）几种枝条的处理

1. 竞争枝

两个以上生长旺盛的并生枝条称竞争枝。竞争枝多出现在树冠外缘生长健壮的枝梢顶端，相互争夺养分竞相生长。枝丛的芽萌发侧枝后形成丛枝，影响枝条延伸，不利于通风透光和开花结果。此类枝条在修剪时，宜选留一个方向上生长健壮的枝条让其延伸生长，其余的枝条可以疏除或进行短截。也可在芽萌发后及早搬掉不必要的嫩芽嫩枝（图10）。

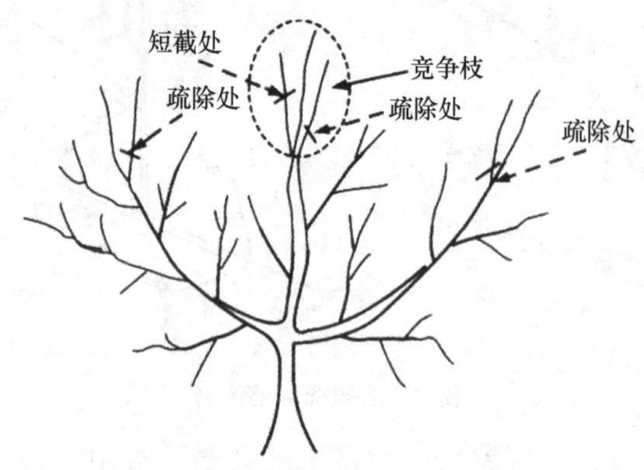

图10 竞争枝的修剪

2. 徒长枝

由主干、主枝、侧枝等枝条抽生的直立向上生长势很旺的枝条叫徒长枝（又称油条枝）。徒长枝多在剪（锯）口以下或大枝损伤后萌生，也有从根颈处萌生的。该类枝条长势旺、生长快、分枝多，与原枝条争夺养分能力强。多数在1~2年内不会开花结果。幼年树或初结果树上萌发徒长枝应及早由基部剪除，以免扰乱树形、过多消耗养分。若徒长枝着生在原枝条空虚之处，为了填补缺枝，可在适当长度处短截，作为辅养枝培养，待其结果后回缩或剪除。衰老树上萌发的徒长枝，可作为老枝更新予以保留培养（图11）。

3. 辅养枝

在主侧枝空间较大的地方萌发保留的枝条叫辅养枝。它不占据主侧枝位置，属临时性枝。主要作用是对幼树生长和主侧枝发育起辅助作用。同时还有提早结果，增加前期产量的作用。辅养枝的选留，应以不影响主侧枝生长为前提，同时又能起到填空补缺、丰满树形、增加结果枝和叶面积的作用。另外在主侧枝意外受损的情况下，它也可以代替主侧枝。俗话称："辅养枝真正好，

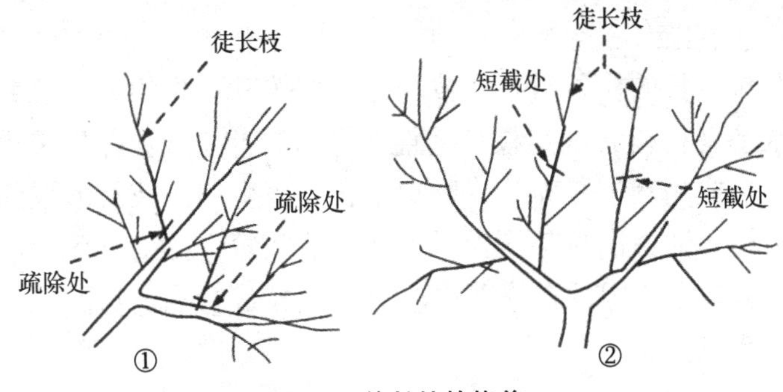

图 11　徒长枝的修剪

主枝坏了有处找，填空补缺树丰满，提早结果能增产”。这足以说明辅养枝的作用。辅养枝的修剪应坚持去强留弱、去直留斜、去远留近、逐年回缩，给主侧枝让路的原则。随着主侧枝的生长延伸，逐年短截回缩，培养成小型结果枝组，或从基部剪除，给主侧枝的生长腾出空间。

4. 下垂枝

向下生长的枝条叫下垂枝。下垂枝多生长在树冠的中下部，由原来细弱的结果枝演变而成。这些枝条结果后弯曲向下，由背部再萌生出向上生长的枝条，在极性作用下背生枝生长旺盛，占据上部空间，这些枝条就变成了下垂枝。下垂枝一般光照差，营养不良，生长纤弱。修剪时多对其进行疏剪或短截。

5. 交叉枝

枝条相互交叉生长，或新发枝条反向生长与其他枝条交错的枝条叫交叉枝。交叉枝多发生在树冠内部，极易扰乱树形。对这样的枝可将其中一枝从基部剪除。

6. 重叠枝

上下重复生长的枝条叫重叠枝。这样的枝条距离较近的往往上部光照条件较好，生长旺盛；下部光照差，枝条生长细弱而且落叶严重，开花结果少。在修剪中应对下部细弱枝条进行疏除，使其分布均匀，改善通透条件。

7. 并生枝

并排生长的枝条叫并生枝。并生枝按其生长的方向位置，又分为水平（横向）并生枝和垂直（纵向）并生枝。并生枝距离过近往往造成相互争夺养分，影响生长。萌生的侧枝易形成细弱枝或病虫枝。油橄榄腋芽均为对生芽，节间短，排列有序，萌发抽生并生枝较多。因此在修剪中应对并生枝进行隔位疏除，使其保持适当距离。

8. 对生枝

对称生长的枝条叫对生枝。油橄榄的枝均为对生枝。对生枝过密过多会影响通风透光，且双方相互争夺养分，影响生长。这类枝条的修剪可采取错位疏剪的方法进行，即剪一留一、相互错开。

9. 细弱短枝

生长势较弱的细短枝叫细弱短枝。细弱短枝多出现在树冠内膛或中下部。这部分枝条质量差，生长细弱，很难形成结果枝，多数为无效枝。而且消耗养分，影响通风透光，容易感染病虫害。油橄榄发枝多，这类枝条占的比例也较大，特别是盛果期的树更多。在修剪中对细弱枝一般应进行疏除。

10. 病虫枝

遭受病虫感染的枝条叫病虫枝。这类枝条一般应及时剪除并烧毁。但对永久性枝，能通过防治恢复正常生长的，可通过防治途径解决病虫危害，不必剪除。治愈不了的应剪除烧毁。

总之，在枝条的处理上，一般应掌握“剪内不剪外（内膛多剪外围少剪），剪吊不剪翘（下垂枝多剪，斜生枝少剪），剪弱不剪强（弱枝多剪，壮枝及结果枝少剪或不剪）”的修剪原则。

（四）常见的树形及其整形方法

建立油橄榄园既要考虑栽什么品种，又要确定采用什么样的树形，树形好坏已成为橄榄园产量高低的限制因素之一。因此，对油橄榄树形的选择，就显得非常重要。

1. 三主枝开心形

三主枝开心形的主要特点是：树冠中部保持开心，每个主枝各成圆锥形。主枝挺直倾斜向上，侧枝上下分布均匀，结果面积大，单株产量高。整形方法：当苗木生长达到定干高度时，于苗高离地面50～60厘米处，由下而上选留3个生长健壮，三向分布均匀，并与主干具有45°夹角的枝条，作为3个主枝，然后将主干剪去。所留3个主枝生长到3米左右时断顶，这时主枝已经定型，并用短截法年年修剪主枝的延长枝，控制其高生长，防止树冠继续扩大。侧枝配置在主枝左右的背斜两侧，交替分布。被选留的侧枝由下而上依次缩短，最长的不得超过1.5米，在主枝上构成上小下大的圆锥形结构，以利通风透光，扩大结果层次。结果枝组，以侧枝为基枝，包括生长在侧枝上的营养枝和结果枝，构成了结果枝组。当结果枝组的生长和结果开始下降时沿基部剪去，并在附近另选生长健壮的枝条作侧枝，培养成新的结果枝组。由此可知，油橄榄的侧枝既是一种结果单元，又是一类临时性的枝条，不像其他果树是一种相对稳定的骨干枝。通过对侧枝的修剪和更新，维持结果枝组的结果能力（图12）。

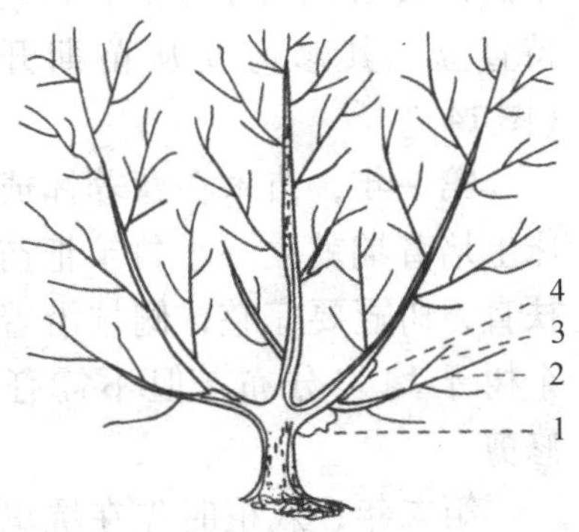

图12　三主枝开心形

1. 主枝上第一个一级侧枝与主干距离50厘米左右；2. 一级侧枝；3. 二级侧枝；4. 一级侧枝彼此间相距50厘米左右

2. Y形

这种树是由一个高60厘米左右的主干和在主干端部分出的两个倾斜枝构成的。Y形树形的结构及整形方法是：在苗木定植后，当幼树主干生长达到一定高度时，择留两个开角适度生长势好的侧生枝作为主枝，并在主枝的着生点以上将主干剪断，进行培养。主枝夹角约为45°，用支架固定。侧枝均匀地分布在主枝上，上小下大，与主枝构成圆锥形树冠。这种树形比较矮，地上部分与地下部分生长较均衡。主枝生长健壮，侧枝发育充实，寿命较长，结果面积大，较丰产（图13）。

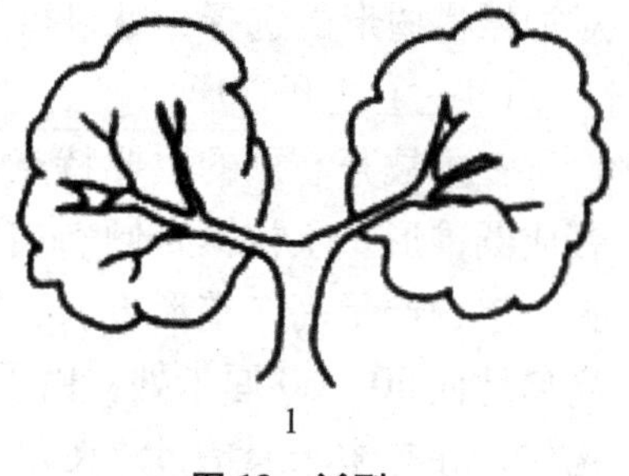

图13　Y型

3. 单圆锥形

单圆锥形的整形主要是把握中央领导干的领导地位，所以主干的位置必须居于中央，始终保持直立。其修剪要从苗期开始（图14）。

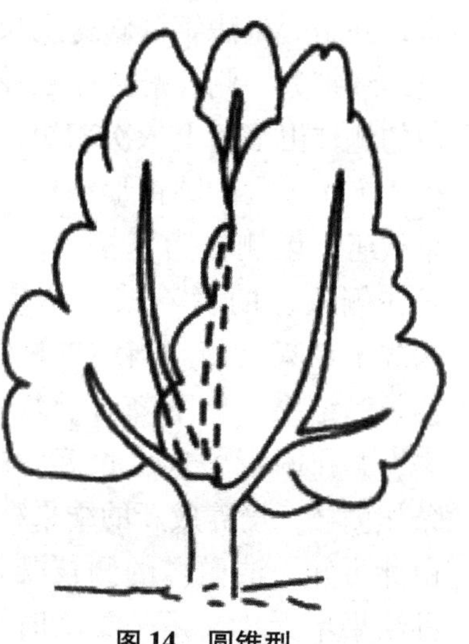
图14　圆锥型

第一年，苗木在营养钵或苗床上培育期就立一小竹竿把苗茎扶直，树冠要完整，侧枝沿着整个树干均匀分布，但不需任何修剪。

第二年，栽植时先在坑里栽上木杆，然后将营养钵苗靠近木杆栽上，并用草绳或软塑料带把苗木主茎系在木杆上，让其自然生长。但必须保持树顶生长茂盛，在8~9月份，将最低部（距地40~50厘米左右）的侧枝剪掉，这是为了利用夏末油橄榄最后一个高峰生长阶段来推动其向高生长，而侧枝则自然就会以和谐的方式分布在各方向上，故不需很多修剪。

第三年，由于单圆锥树形修剪轻，生长迅速，到第三年树高可达2米左右，由侧枝组成的树冠已经形成，同时已开始开花结果。此时，修剪的重点转向树顶的修整操作上，及时疏除树顶的竞争枝，保留生长中庸的直立枝领头，帮助侧枝生长和促进形成花芽。另外，侧枝在延长生长之后易出现低头下垂，长势转弱，侧枝上的徒长枝增多。应通过夏季抹芽、冬季修剪清除徒长枝；还可采取抬高枝角的方法控制徒长枝的发生。

第 4 ~5 年，树高基本定型，冠幅已达 3 米左右，全树约 1/3 的枝条形成了结果枝。这一时期的整形修剪任务是控制树顶和侧枝的修剪工作。当树顶过重或转弱时，选择一个垂直生长的中庸枝或旺枝更替，并把领头枝以下的竞争枝全部疏除。同时对树冠内部的细弱枝和徒长枝加以疏除，并显露出永久性的主枝结构，这些主枝要沿着主干螺旋形地分布，以便得到均匀的光照。

（五）不同年龄时期树的修剪

1. 幼树的修剪

油橄榄幼树的特点是营养生长旺盛，发枝多而密，干性较弱，容易弯曲下垂，主枝很难自然成型。为此，幼树修剪重点是整形。整形的目标是培养主干和主枝。主干是着生主枝的树干，主干是主枝着生的基础，主干粗壮直立，才能使主枝开角适度，生长端正，分布均衡。主枝的数量及生长状况好坏，将直接影响树冠的结构和生产能力，苗木定植后，由于苗木幼嫩，枝干木质化程度低，硬度不够，故需要立桩扶直主干，并在栽植后的头几年适当多留主干上的小侧枝，以扶养主干加粗生长。立桩扶干，轻修剪，多留辅养枝，是幼树整形的主要方法。主枝的数量依“树形”而定。丫形只有 2 个主枝，三主枝开心形限定为 3 个主枝，单圆锥形侧生主枝多达 13 ~17 个。就枝条本身生长而言，直立生长最快，倾斜生长较慢，水平生长最慢。主枝分角小生长快，但着生在这种主枝中下部的侧枝生长转弱，延迟结果。枝角大生长减缓，主枝中下部的侧枝生长虽可加强，但主枝生长弱，负荷轻，容易改头下垂。所以，如何控制主枝的开张角度，是能否培育成优良主枝（包括侧枝）的关键。依油橄榄各品种的特性，主枝开角45°斜向生长最适宜，其生长势缓和上下侧枝分布均衡。由这种主枝构成的树冠产量高，结果稳定。

2. 结果期修剪

首先要看树的长势。管理粗放，根系与树冠生长不良，虽也结了几个果，但它不至于影响到营养生长，对这种树仅仅进行修剪是不能解决问题的。需要分析原因，采取相应的管理措施，恢复树势。其次，对于到了适龄结果期而结果很少的“徒长树”，要识别其枝芽生长发育的质量。这种树体内贮藏的营养物水平低，枝条的两极分化十分明显，树冠中下部短梢多，生长细弱，叶色不正，冠的顶部新梢生长量大，而停止生长晚，组织不充实，营养水平低，成花困难。对这种树应用疏剪与回缩相结合的方法疏除一部分枝势强的旺枝，留下弱枝领头，缓和极性生长。同时对密枝进行疏除，增加树冠中下部和内部光照强度。对中下部的弱枝进行回缩，抬高枝角，促进生长。第三，盛果期树的修剪。这种树结果较多，结果年除结果枝外，抽发新梢的成枝能力很低，骨干枝的离心生长基本停止，不定芽的萌发力提高。因此，大小年结果现象十分明显。此时期如不及时加强管理和修剪，营养生长将继续衰退，并产生生理落叶现象。对这种树的疏剪和回缩都要从重。回缩主枝，更新部分侧枝，缩小树冠体积。同时要结合深施基肥和改良树盘土壤，促进离心生长，提高营养生长和营养物质的积累。

3. 自然树形的改造

自然树形是指从苗木定植到树冠形成没有进行任何修剪的。任其自然生长的一类树。在良好的栽培条件下，幼树生长很快，大多数已进入盛果期。但是由于这类树的主枝多，枝条凌乱，树冠郁闭，冠内通风透光差，光合效能低，营养耗损量大，结果量很低。目前栽植的油橄榄，此类数占有绝对的比例，因此掌握和推广自然树形的修剪方法，就显得尤为重要。自然树形的改造方法，首先是调整主枝。要分年度将过多的主枝沿基部疏除，留下

3～4个主枝构成新的树形，即3或4主枝开心形。其次是调整侧枝。对被保留的主枝其侧枝分布极不均衡，而且还表现为主从不分等现象，影响营养物质分配及结果枝组的形成。修剪侧枝的方法是先疏除后回缩。疏除一些过密的生长势强的大型侧枝，保留位置适当生长中庸的枝或芽（多为不定芽），使它成为新的侧枝。如果侧枝生长过长，应及时回缩，使其永久从属于主枝而均衡树势。以后视侧枝的发育状况逐渐地把它改造成结果枝组，并对老的结果枝组进行修剪更新，体现干老（主枝）枝不老（结果枝组）的生长势，使结果枝永葆青春。

第六章　油橄榄病虫害及其防治

第一节　病害防治

在油橄榄发展过程中，病虫害的发生已经严重影响了油橄榄的生产发展和产业化进程。四川达州、西昌以及重庆等地的部分油橄榄园，因病虫害滋生，造成毁灭性的破坏。近年来，其他各省在生产过程中也发现了许多病虫害，部分已经造成严重的危害。现将油橄榄的主要病虫及防治措施介绍如下。

一、肿瘤病

此病在地中海沿岸各国甚为常见。国内发生于各省试种点。几十年来，经过不断采取防治措施，除个别情况外，已全部控制。

(1) *危害*　肿瘤发生于枝、干、根颈、叶柄、果柄等各部位。初为小瘤，一般直径1~3厘米，有时连成一片，或与枝干伤口等长。外表呈乳头突起，浅灰褐色，后色泽加深，表面变粗糙，并凹陷开裂，内部为海绵状。发病后期肿瘤分崩脱落，形成溃疡。以后又长新瘤，瘤内具有大量细菌，遇雨水或空气潮湿时，由孔道溢出或呈黏液状附在瘤外。

病原菌是一种极毛杆菌，鞭毛1~4根，革兰氏反应呈阴性。*Pseudomonus savastanoi*（E. F. Smith.）Stevens病原细菌在肿瘤内越冬。由雨水、昆虫或人为活动传播。经伤口或叶痕等侵入。刺激分生组织，形成肿瘤。病菌能多次重复侵染，发病多在嫁接口附近。潜育期长短取决于温度、湿度。温度23℃，相对湿度84%时，人工接种后两周即表现症状。自然情况下约20天发病。

（2）防治技术　剪除肿瘤是最简易的方法。剪下的病枝应集中烧毁。树上伤口用1 000单位链霉素液或0.1%升汞（氯化汞）液消毒。外地繁殖材料引进时，应严密检查，实施检疫。

二、孔雀斑病

此病在地中海区域普遍发生，以春、秋为重。9月暴雨多时，发病较重。冬季暖和时，发病亦重。在干燥的北非及美洲地区，此病不重。中国自引种后，云南中部首先发现病害。1974年重庆种植区也开始发现，湖南、江西省部分种植区，亦均有发现，造成不同程度的损害。

（1）危害　该病是油橄榄引种栽培中最重要的病害，在我国油橄榄引种点普遍发生。1967年首先在昆明发生，主要危害叶片。发病初期在叶片上为灰黑色小点，逐渐扩大后，边缘由浅褐色变为深褐色，并在病斑外围有一黄色晕环，随着病害的加剧，病斑增多，并可蔓延到果实和嫩枝，引起大量非正常落叶和早期落果，严重影响树势，导致减产甚至导致病株丧失结果能力。油橄榄孔雀斑病是通过引种传入的，病菌可以通过苗木或穗条的运输而传播。一年有2次发病高峰，分别出现在春、秋两季，日均温度17.5～22.7℃，相对湿度80%以上的气候条件最适合于病害发生。另外，在地势低洼，排水、通透性不好的地块发病严重。

（2）防治技术　严格检疫制度，防止病菌随繁殖材料或产品人为传播。选择抗（耐）病品种（如‘莱星’等），加强经营管理，增强树势，提高抗病能力。在发病时每隔10～15天喷洒1:150倍波尔多液、50%多菌灵可湿性粉剂500倍液或苯来特1 000倍液。

三、炭疽病

这是油橄榄种植区内常见的一种病害。它是由炭疽菌一个集合种在多种针、阔叶树上引起的病害，在热带和亚热带地区尤为常见。

(1) 危害　该病主要危害油橄榄的果实、嫩枝和嫩梢，可引起大量落叶、枯梢、落果和导致果实品质降低，严重发病时减产可达40% ~50%。发病初期病斑为褐色小点，呈圆形，之后逐渐扩大，中心微微凹陷，灰白色，病斑周围有白色环圈，以后在病斑中央出现许多黑色颗粒，轮纹状排列，遇雨后出现大量橘黄色分生孢子，随雨水或昆虫传播，侵染叶片、新芽、嫩梢和果实。温暖多雨（高湿）天气有利于病害的发生和流行。

(2) 防治技术　应以加强抚育管理、增强树势和抗病力为主，特别注意土壤排水和树冠的通风透光。结合冬季修剪清除感病枝条和枯梢，以最大限度地减少翌年的病菌源。在春季抽发新梢新叶时进行化学防治，为防止果实感病，可在油橄榄坐果初期开始喷药，如1%波尔多液（9月后禁用，药液容易黏附在果皮上难以清除，影响产品安全而导致贬值）、50%多菌灵、70%甲基托布津或0.2%的代森锰锌稀释液等。

四、青枯病

(1) 危害　该病是一种细菌性的维管束病害，可导致发病植株短期内枯死，具有毁灭性危害特点。植株感病初期，生长停滞，叶面失去光泽，不发新芽或延迟抽发新芽，随后叶片开始向叶背反卷，然后变为褐色枯死脱落，病株主干出现不规则的溃疡斑，最后整个植株干枯。挖出病株可见主根腐烂，木质部变为褐色至黑褐色，严重者皮层腐烂。剖视病根横切面可见乳白色至淡棕色黏稠状的菌脓溢出。该病病原菌寄居于土壤或未经腐熟的肥料中，通过植株伤口侵入。病害发生与前茬作物种类密切相关，尤其是前茬为花生、芝麻、番茄和茄子等易感染青枯病菌的作物耕地土壤最易引发该病。高温高湿的天气也利于该病害的发生，6 ~10月份为发病盛期。

（2）防治技术 应严格选地，禁用种植过茄科、花生、芝麻等前茬作物土地营造油橄榄林或严禁在油橄榄林分中间种上述作物。对零星病株应及时治疗或清除，有条件时进行土壤消毒，初发病株可用甲基托布津或500～800单位链霉素液灌根防治。

五、根结线虫病

此病国外未见报道，尚缺乏深入研究。国内已知发生在广西、广东、福建、江西等地，造成一定程度的危害。不但影响生长和产量，并且会加重青枯病的发生。

（1）危害 线虫在春季及秋季各侵染一次。成虫在虫瘿内越冬，于4～5月产卵。孵出幼虫后钻进根尖，以口腔腺分泌的消化液刺激细胞，在刺吸点周围形成数个细胞后，就在其中栖息并取食。进而刺激中柱细胞增生，形成虫瘿。从侵染至形成黄豆大小虫瘿约需60天。幼虫在虫瘿内发育成成虫，7～8月进行交配产卵或孤雌生殖，秋季孵化出的幼虫再次侵染形成虫瘿。

（2）防治技术 防治上，在林地内不应间种易感病的寄主作物，如花生、黄豆、绿豆、瓜类、红薯等。土壤杀虫一般用熏蒸剂如氯化苦，D－D混剂，二溴氯丙烷等。应在种植前20天左右处理，以防药害。

六、煤污病

（1）危害 这是一种常发病、多见病。通常在叶片、嫩芽或枝条表面形成一层煤烟状黑色霉层，影响光合作用，阻塞气孔，造成一定损失。

霉层是病菌的菌丝和繁殖体。菌丝暗色，有隔，直径不等，互相交错形成薄膜覆盖于寄主表面。镜检时，可见少数完整子实体。

病原煤炱菌（*Capnodium eleaophilum* Pril.）的分生孢子器长颈烧瓶状，分生孢子无色，长椭圆形。有性期子囊座无孔口，内有多数子囊，各有8个囊孢子。

煤炱菌的生长发育需要糖分。蜡蚧 *Saissetia oleae* 及木虱 *Euphyllura olivina* 等危害常引起煤污病的发生。它们分泌的蜜露可作为病菌的营养来源。当温度急剧变化时，树木也会产生含糖分的分泌物，导致煤污病发生。

较高的气温有利于病菌的生长发育，较高的空气湿度如露水有利于病菌繁殖。因此阴坡或凹地较易发病。

（2）防治技术　适度修剪，加强通风透光。喷施石灰硫黄合剂，夏季用浓度为 0.5～1 波美度，冬季为 3～5 波美度，或用松脂合剂 12～20 倍液消灭害虫。

七、干腐病

常见于云南种植区，贵州、四川也有发生，个别地区发病率甚至达 85%。

（1）危害　发病从干基部或分枝处发生，纵向蔓延。最初皮层出现水渍浮肿，有小粒突起。韧皮部及形成层变褐色，深入木质部。以后病部以上枝条顶芽枯萎，叶尖退绿，叶脉发红，之后叶片凋萎脱落。再则枝干枯萎死亡，病斑表面干裂，皮层坏死呈褐色粉末。这是一种生理性缺硼症。

此病多发生于高温多雨季节，尤在通风不良的环境中最多。秋后渐轻，冬季停止。

（2）防治技术　每千克松、稻、薪柴灰含硼 200～300 毫克，是很好的硼源。定植时作底肥或冬季施基肥，可改良土壤，增加硼素。幼树每年施硼酸 5～10 克。大树沿根冠挖环形沟，施硼酸或 2% 硼砂水。在雨季可直接撒硼粉于沟内后，覆土掩埋。

八、其他病害

（一）叶斑病

常见于陕西种植区各地，造成早期落叶，影响生长。病斑初期黄色，后变褐色，呈不规则分布。

（二）黑斑病

国内湖北、广西、四川、陕西都有分布。引起大量落果，发病严重的病株枝条干枯。

病菌于旧病组织中越冬。多雨高湿会助长发病。冬、春季节剪除病枝效果最好。

（三）褐斑病

常见于陕西各种植区，引起落叶落果。

病菌以菌丝形态在病组织越冬，春季发生新侵染，高湿有利于该病的发生和扩展。

（四）灰斑病

常见于陕西汉中地区的栽植地，早期落叶。

上述这些叶斑病的防治，主要是要加强田间管理，冬、春季修剪病患部，及时清除病叶和病落果，并进行1%波尔多液或40%可湿性多菌灵1 000倍液，或50%退菌特800倍液，或0.4%代森锌液喷雾防治效果良好。

第二节　虫害防治

一、金龟子

多种金龟子都可危害油橄榄，包括：中华喙丽金龟 *Adoretus sinicus* Burm.、斑喙丽金龟 *A. tenuimaculatus* Water.、红脚绿丽金龟 *Anomala cupripes* Hope、筛阿鳃金龟 *Apogonia cribricollis* Burm.、桐黑丽金龟 *Anomala untiqua* Cyl.、变棕异丽金龟 *A. varicolor* 等。这些金龟子食性很杂，可危害许多林木及农作物。成虫将叶片吃成网状，残留叶脉，造成孔洞或缺刻，甚至整株叶子全被吃光。幼虫咬食嫩茎和根系，能导致苗木枯死。

每年发生1~2代，以老熟幼虫在土中越冬。翌年3~4月在土中2~3厘米处作室化蛹。成虫发生期为4~8月，昼夜均可取食。在气温高、闷热无风的夜晚大量活动，有趋光性和假死性。卵散产于土中，更喜产在新腐熟堆肥内。各种金龟子每头雌虫平均产卵 30～80 粒不等。白天多潜伏在杂草、农作物或土缝内，晚上成群飞出危害寄主。

防治方法 冬耕深翻，消灭越冬幼虫。苗木用 90% 敌百虫 1 000倍液，或 75% 辛硫磷，25% 异丙磷等灌注根部杀幼虫。成虫用人工震落或灯光诱杀。也可用 1.5% 乐果粉剂，或 40% 乐果 1 000倍液，或 50% 马拉松 1 500 倍液喷杀成虫。

二、油橄榄蜡蚧

蜡蚧可危害多种树木，常见于油橄榄。此虫类如胡椒，依附于树叶或小枝上。雌虫背上有两横一直的隆脊，类如英文字母“H”字样。昆明引种点在 1970 年发生较多。在生长不良的树上，危害较重。导致局部落叶，枝条枯萎，结实不良。并伴生煤污病，影响光合作用。

在西班牙一年繁殖 2 代，5～7 月及 8～11 月各 1 代，且有 2 代重叠的现象。在昆明每年发生 1～2 代，世代也不整齐。幼虫孵化后，在母体介壳下停留 1～2 天，然后外行寻找固定有营养地方。能借风力或鸟足及其他昆虫传播。多聚集在叶背主脉或避光的枝条附近。

高温且高湿条件下最易发展。潮湿而通气不良处容易发生。但高温、干旱却能引起成虫死亡。0℃ 以下，卵和幼虫难以成活。大雨、暴风也能引起 1 龄幼虫死亡。

防治方法 喷药应在若虫阶段进行。在西班牙，安排在 5 月底。在昆明地区，6～11 月每日 1 次，效果很好。

0.1～0.2 波美度石灰硫磺合剂防 1、2 龄幼虫，效果良好，且可兼防煤污病。

0.2% 甲基 1605 与 0.4% 代森锌（65% 可湿性粉剂）混合施用，可防蜡蚧，兼防煤污病与孔雀斑病。因 1605 是剧毒农药，应在坐果前及采果后施用。0.1%～0.2%氟乙酰胺有内吸及长效作用，对1龄幼虫喷药最好。因亦系剧毒农药，应遵守操作规程进行。

松碱合剂（松香6份，烧碱4份，水20份）配成原液稀释20倍或50%乐果乳剂稀释600～1 000倍液喷洒亦可。

在西班牙，采用摘除严重感染的树冠，或喷洒西维因（有效成分0.15%），或矿物油1.5%乳剂，再加入含磷杀虫剂。

三、麻皮蝽

麻皮蝽危害油橄榄的例子在国内已有报道。此虫可危害多种林木及果树，吸食叶片、嫩枝、果实的汁液，引起枝叶枯黄，提早落叶、落果。广西地区有发生。

在广西桂林一年2代。成虫在干燥避风的茅草堆、墙缝或砖瓦堆中越冬。气温回升到15℃即外出活动。4月底开始产卵于叶背。卵块常12粒排成不规则形，卵期4～6天。5月初若虫出现，幼龄若虫常在其孵化叶片上围成一圈，吸食叶汁。2龄后逐渐分散，经5龄，约2个月羽化为成虫。4月下旬出现第一代成虫，9～10月出现第二代成虫。10～11月危害最烈，引起落叶、落果。已发现卵期及成虫期均有天敌。

防治方法 若虫期可喷洒90%敌百虫，或40%乐果，或80%敌敌畏，各稀释成1 500～2 000倍水液。抚育时可随时摘除卵块。利用寄生蜂消灭卵块。利用蜗敌或大山雀消灭成虫。

四、大粒横沟象

此虫危害油橄榄及多种林木、果树，分布广西及四川，为多食性。

幼虫食害主干、枝丫等韧皮部，成虫咬食嫩枝皮层，造成整株枯死。

在桂林一年发生2代或二年发生3代。以成虫在土里越冬或以幼虫在树皮内越冬。有世代重叠现象。每次产卵2～4粒。自卵孵化至羽化成虫，历时120～130天。成虫一年出现3次高峰期，有假死习性，能飞翔，喜在树冠下阴面活动，且有群集越冬现象。

防治方法　用人工捕杀或冬季挖土捕杀。注射40%乐果或80%敌敌畏等毒杀幼虫。

五、丝脉蓑蛾

危害多种林木及果树。广西广为分布。

幼虫咬食叶片成缺刻或孔洞，影响生长。

雄虫为蛾体。雌虫蛆状，无翅无足，有灰白色，光滑，丝质护囊。

老熟幼虫在护囊内越冬。2月中、下旬化蛹，4月上、中旬羽化，之后立即产卵。4月下旬至5月上旬为幼虫孵化盛期，6～7月危害最重。10月中、下旬老熟幼虫用丝束绕缠枝条成护囊悬于小枝越冬。雄蛾对黑光灯有趋光性。雌虫产卵于护囊内的蛹壳里。

防治方法　可在害虫未扩散前人工摘除护囊。幼虫期喷药可用90%敌百虫，或80%敌敌畏，或40%杀螟松等。也可用苏云金杆菌，或青虫菌，或杀螟杆菌（每毫升含1亿孢子）菌液喷杀。

六、云斑天牛

该虫主要以幼虫蛀食树干、树枝及根颈部，成虫啃食新梢嫩皮而影响植株生长，造成树势衰弱、枯梢、枯枝，导致减产，甚至于植株死亡。

防治方法　加强巡视，发现危害后及时用木锤击杀卵粒或低龄幼虫，用铁丝捅入排粪孔刺杀幼虫，或清除虫粪或木屑后注射50%敌敌畏100倍液，并用泥团密封蛀孔，熏杀幼虫。成虫羽化期喷洒绿色威雷2号300～400倍液均有较好效果。

七、其他虫病

（1）巢蛾 *Prays oleae*　分布于地中海沿岸各国，只危害油橄榄。幼虫钻入叶、花或果实内部。该虫被认为是油橄榄破坏性最大的害虫之一。所幸尚未传入中国。

（2）实蝇 *Dacus oleae* Gmel. 分布地中海沿岸及小亚细亚、非洲等油橄榄种植区，是最危险的一种害虫，果实被害率可达30%以上。中国各地尚未发现。

成虫形似家蝇，胸部有纵向排列的黑色条纹，翅无色透明，末端有一烟色斑点。雄蝇腹部末端圆形，雌蝇则伸出较长，用以保护产卵器。

一般在树木凹陷处越冬。在西班牙，一般一年繁殖3代。被害果实的果肉质量降低，并引起真菌感染。

喷药用0.2%乐果溶液，每月1次，喷1～2次即可。国外用小茧蜂 *Opius concolor* 进行生物防治。并用不育雄虫技术，与雌虫交配后，不产生后代或后代低能而夭折，以达到防治目的。

（3）橄榄木虱 *Euphyllura olivina* Costa. 在地中海各国发生普遍，危害不重。

（4）榆蛎盾蚧 *Lepidosaphes ulmis* L. 对零星树木危害严重。一年1代。

（5）橄榄蜡蝉 *Hysteropterum*，*grylloides* F. 在西班牙中部发生普遍，危害不大。

（6）橄榄蓟马 *Liothrips oleae* Costa. 常见危害叶、果，引起变形及落果。

（7）小阔胫鳃金龟 *Maladera ovatula* Fair. 发现于四川遂宁，危害叶片。

（8）丁香天蛾 *Psilogramma increta* Walk. 发现于四川三台，危害叶片。

（9）柑橘长卷蛾 *Homona coffearia* Nietner 发现于四川璧山，危害叶片。

（10）黄色卷蛾 *Choristoneura longicellana* Wals. 发现于四川璧山，危害叶片。

（11）棉褐带卷蛾 *Adoxophyes orana* Fis. Von Rösl. 四川璧山，危害叶片。

参考文献

包慈华，马以凤，刘静英，等. 1979. 油橄榄茎尖培养成完整植株的初步研究. 自然杂志，(12)：727.

邓佩文，孟春林，秋新选，等. 2006. 云南省油橄榄产业发展探讨. 林业调查规划，31 (1)：129 - 136.

贺善安，顾姻. 1984. 油橄榄驯化引种. 南京：江苏科学技术出版社.

陆斌，杨卫明，张植中，等. 2005. 云南油橄榄引种四十年. 西部林业科学，34 (1)：62 - 65，69.

施宗明，罗方书，李云，等. 1991. 尖叶木樨榄嫁接油橄榄的研究. 云南植物研究，13 (1)：65 - 71.

涂艺声. 2009. 经济植物大规模快速繁殖. 北京：化学工业出版社.

徐纬英，王贺春. 2009. 油橄榄及其栽培技术. 北京：中国林业出版社.

徐纬英. 2001. 中国油橄榄——种质资源与利用. 长春：长春出版社.

Loo S. W. (罗士苇)，Amer. J. Bot.，1945 (32)：13.

Loo S. W. (罗士苇)，Amer. J. Bot.，1946 (33)：295.